ÉTUDES

DES

GÎTES MINÉRAUX

DE LA FRANCE

PUBLIÉES SOUS LES AUSPICES DE M. LE MINISTRE DES TRAVAUX PUBLICS
PAR LE SERVICE DES TOPOGRAPHIES SOUTERRAINES

BASSIN HOUILLER

DE LA SARRE ET DE LA LORRAINE

MÉMOIRE PUBLIÉ SUR L'INITIATIVE DES MINES DOMANIALES FRANÇAISES DE LA SARRE,
AVEC LEUR CONCOURS ET CELUI DES COMPAGNIES DU BASSIN,
SOUS LES AUSPICES DU COMITÉ CENTRAL DES HOUILLÈRES DE FRANCE
ET DU SERVICE DE LA CARTE GÉOLOGIQUE D'ALSACE ET DE LORRAINE

I. FLORE FOSSILE

1er FASCICULE

NEUROPTÉRIDÉES

PAR

Paul BERTRAND

PROFESSEUR DE PALÉOBOTANIQUE A L'UNIVERSITÉ DE LILLE

LILLE

IMPRIMERIE L. DANEL

—

MCMXXX

BASSIN HOUILLER

DE LA SARRE ET DE LA LORRAINE

ÉTUDES

DES

GÎTES MINÉRAUX

DE LA FRANCE

PUBLIÉES SOUS LES AUSPICES DE M. LE MINISTRE DES TRAVAUX PUBLICS
PAR LE SERVICE DES TOPOGRAPHIES SOUTERRAINES

BASSIN HOUILLER

DE LA SARRE ET DE LA LORRAINE

MÉMOIRE PUBLIÉ SUR L'INITIATIVE DES MINES DOMANIALES FRANÇAISES DE LA SARRE,
AVEC LEUR CONCOURS ET CELUI DES COMPAGNIES DU BASSIN,
SOUS LES AUSPICES DU COMITÉ CENTRAL DES HOUILLÈRES DE FRANCE
ET DU SERVICE DE LA CARTE GÉOLOGIQUE D'ALSACE ET DE LORRAINE

I. FLORE FOSSILE

1er FASCICULE

NEUROPTÉRIDÉES

PAR

Paul BERTRAND

PROFESSEUR DE PALÉOBOTANIQUE A L'UNIVERSITÉ DE LILLE

LILLE
IMPRIMERIE L. DANEL
—
MCMXXX

BASSIN HOUILLER
DE LA SARRE ET DE LA LORRAINE

PRÉFACE

La présente monographie fait partie d'une description générale du Bassin houiller de la Sarre et de la Lorraine, entreprise sur l'initiative des Mines domaniales françaises de la Sarre, avec le concours de toutes les Compagnies du bassin, sous les auspices du Comité central des Houillères de France et des services de la Carte géologique d'Alsace et de Lorraine, sous la direction technique de M. Ch. Barrois, assisté de spécialistes chargés des études détaillées.

La description géologique du bassin est plus particulièrement l'œuvre de M. Ch. Barrois et de ses collaborateurs MM. P. Bertrand, P. Pruvost, A. Duparque. M. Edmond Friedel, avec la collaboration de M. Siviard, des Mines domaniales de la Sarre, s'est occupé de tout ce qui concerne la préparation de l'Atlas de topographie souterraine.

Le premier fascicule, passé sous les presses et que nous présentons aujourd'hui, est dû en entier à la plume de M. P. Bertrand. Il embrasse l'étude monographique des *Neuroptéridées* de la Sarre, représentées avec toute la finesse qu'il a été possible. D'autres fascicules suivront incessamment, formant une analyse détaillée de la flore entière du bassin.

M. P. Pruvost a rédigé la description géologique du bassin, M. A. Duparque, l'étude microscopique des charbons ; leur publication ne se fera plus longtemps attendre.

Les visites au fond et dans les bureaux des Sociétés, les explorations sur le terrain, ont été faites en commun par MM. Barrois, Bertrand et Pruvost et leurs conclusions exposées au cours du travail, en diverses circonstances et en différents points (XIII° Congrès géologique international à Bruxelles 1922 ; *Bulletin des Services de la carte géologique et des topographies souterraines*, T. XXIX, Paris, 1925 ; Congrès de Heerlen (Pays-Bas) pour la stratigraphie du Carbonifère, 1927).

Ch. BARROIS.

I. FLORE FOSSILE

DU BASSIN HOUILLER DE LA SARRE ET DE LA LORRAINE

INTRODUCTION

Les flores fossiles du bassin houiller de la Sarre et de la Lorraine n'ont jamais fait l'objet d'une description d'ensemble. Dans sa *Flora Sarœpontana fossilis* (1855-62), Goldenberg a traité seulement les Lépidodendrées et les Sigillariées et ses descriptions déjà anciennes auraient besoin d'être entièrement refaites. En 1872, E. Weiss a consacré un important travail, très bien illustré, aux végétaux stéphaniens et permiens de la Sarre. La flore permienne doit naturellement rester en dehors de notre étude; nous devrons laisser également de côté la flore de la plus grande partie des couches d'Ottweiler (Stéphanien), pauvres en fossiles et très longues à explorer. Seules les couches inférieures d'Ottweiler (Stéphanien inférieur) nous ont fourni quelques espèces intéressantes, que nous décrirons. Mais le but essentiel de nos efforts sera la description de la flore des couches de Sarrebrück, c'est-à-dire du Westphalien supérieur.

Plusieurs espèces, quelques-unes très caractéristiques, des couches de Sarrebrück ont déjà été décrites et figurées, souvent d'une manière excellente, par Andræ, par Stur, et plus récemment par Potonié et ses collaborateurs. Nous citerons les principales :

1° Dans l'ouvrage d'Andræ (1865) (2), nous trouvons trois des types les plus caractéristiques de la Sarre :

Lonchopteris Bauri Andræ, *Sphenopteris Goldenbergi* Andræ, *Margaritopteris Cœmansi* Andræ. Il faut signaler en outre : *Sphenopteris acutiloba* Andræ (non Sternberg!)

(2) Les caractères gras renvoient à la bibliographie de la page 13.

1

2° Dans la *Carbonflora* de Stur (1885) (⁴), nous relevons onze espèces fondamentales :

Sphenopteris Sauveuri Crépin (= *Diplotmema Schlotheimi* Stur), *Diplotmema Richthofeni* Stur (= *D. avoldense* Stur), *Diplotmema Beyrichi* Stur, *D. palmatum* Schimper, *Sphen. (Zeilleria) Damesi* Stur, *Diplotmema Hauchecornei* Stur, *Pecopteris acuta* Brongn., *Oligocarpia Brongniarti* Stur et *O. Beyrichi* Stur, *Diplazites longifolia* Brongn., *Pecopteris Röhli* Stur.

3° Dans les *Abbild. und Beschreib.* de Potonié (1903-1914) (⁵), nous avons noté :

Rhacopteris sarana Potonié, *Sphenopteris cf. macilenta* Potonié, *Pecopteris acuta* Brongn., *Margaritopteris Coemansi* Andræ, *Pecopteridium Defrancei* Brongn., *Sphenopteris spinosa* Göppert, *Odontopteris cf. alpina* Geinitz, *Desmopteris longifolia* Presl, *Desmopteris integra* et *D. serrata* Gothan, *Linopteris neuropteroides minor* Potonié, *Pecopteridium plebeium* Weiss et *Mariopteris sarana* Huth.

Plus : *Ovopteris Decheni* et *Ovopteris Weissi* Potonié (des couches d'Ottweiler).

Ces trois ouvrages donnent ensemble 25 ou 26 espèces de Fougères, bien décrites et bien figurées, sur les 115 ou 120 espèces, que renferment les couches de Sarrebrück. Nous avons laissé ici de côté les Sigillariées et les Lépidodendrées de Sarrebrück, figurées dans les *Abbild. u. Beschreib.* ; il sera temps d'y revenir, quand nous aborderons la description de ces plantes.

Nos connaissances préliminaires sur la flore filicinéenne des couches de Sarrebrück se trouvent complétées par les publications suivantes, qui ne renferment qu'une énumération d'espèces, sans figures et sans descriptions à l'appui :

1° Listes d'espèces, récoltées dans les différentes assises houillères, parues sous la signature de H. Potonié dans l'*Esquisse géologique* de Leppla (⁶), listes reproduites par Van Verwecke (⁷). Malheureusement ces listes, en raison des erreurs de détermination et des confusions d'origine, ne donnent qu'une idée très inexacte de la flore des différentes assises.

2° *Notes préliminaires* de R. Zeiller, *sur les espèces houillères, recueillies dans les sondages de Meurthe-et-Moselle* (⁸). Les listes, publiées par R. Zeiller, ne renferment que les espèces les plus caractéristiques ; quelques déterminations sont aussi sujettes à révision.

Enfin, nous citerons : l'*Essai de parallélisation de quelques bassins houillers de l'Europe centrale* de W. Gothan, qui renferme d'intéressantes observations sur les espèces spéciales au bassin de la Sarre (¹¹) et une figure d'*Alloiopteris (Corynepteris) sarana* Gothan, espèce non encore décrite.

Ceci porte, croyons-nous, à 27 au maximum le nombre des Fougères, bien figurées et susceptibles d'être reconnues et identifiées dans les couches de Sarrebrück.

Pour rédiger le présent ouvrage, nous nous sommes servis essentiellement des documents, récoltés de 1920 à 1927 par les Ingénieurs français du Service des Mines domaniales de la Sarre et par ceux des concessions lorraines : de la Houve, de Sarre et Moselle, de Petite-Rosselle, de Longeville, de Faulquemont et de Haute-Vigneulles. C'est sur ces documents, qu'ont été établies nos déterminations types, et c'est en suivant ces recherches point par point, que nous avons esquissé l'extension verticale de chaque espèce.

En second lieu, nous avons utilisé largement les collections de l'Université de Strasbourg, mises généreusement à notre disposition par le Directeur et les Professeurs de l'Institut de Géologie ; la collection de paléontologie végétale, réunie par Schimper, admirablement exposée dans ce Musée, renferme de nombreux types de la Sarre, connus de Stur, et décrits par lui.

Enfin, un petit nombre d'échantillons de la collection de l'École des Mines de Sarrebrück ont été utilisés.

Malgré notre désir de présenter un ouvrage aussi complet que possible, nous ne pouvons nous dissimuler que beaucoup d'espèces plus ou moins rares nous ont échappé ; l'inventaire complet des espèces végétales d'un bassin houiller exige plusieurs dizaines d'années de recherches persévérantes et la Sarre est certainement une des régions d'Europe les plus riches en espèces houillères. Bien des espèces existent certainement dans les collections de Berlin, qui n'ont fait l'objet que de brèves descriptions.

Nous espérons cependant n'avoir rien négligé de fondamental.

Afin de faciliter la rédaction et la publication de l'ouvrage, nous avons jugé préférable de le diviser en fascicules :

1er fascicule : Neuroptéridées.

2e   »   : Aléthoptéridées et Marioptéridées.

3e   »   : Pécoptéridées.

4°   »   : Sphénoptéridées.

Ces différents fascicules ne traiteront que des espèces récoltées dans les couches de Sarrebrück (Westphalien supérieur). Un fascicule supplémentaire sera consacré aux Fougères récoltées dans les couches inférieures d'Ottweiler (Stéphanien inférieur).

Nous ferons paraître ensuite :

Les Cordaïtées, les Lépidodendrées et les Sigillariées ; enfin nous terminerons par les Sphénophyllées et les Calamariées.

REMERCIEMENTS

En commençant cette série de publications sur les Fougères houillères de la Sarre et de la Lorraine, qu'il me soit permis d'exprimer mes remerciements et ma reconnaissance personnelle à M. Defline, l'éminent Directeur des Mines domaniales de la Sarre, instigateur de l'étude générale du terrain houiller de la Sarre et de la Lorraine, et à ses collaborateurs : MM. Sainte-Claire Deville, Chandesris, Riollot et Bellan, qui se sont efforcés, avec une patience inlassable, de nous procurer tous les matériaux nécessaires pour nos études. Par leurs soins, plusieurs pièces paléontologiques de grande valeur sont venues enrichir les collections géologiques. Nos remerciements vont aussi aux Ingénieurs et aux Géomètres qui ont contribué à réunir les échantillons qui font l'objet de notre travail.

Ils ne se limitent pas aux Mines domaniales ; nous avons rencontré une même collaboration précieuse et contracté une semblable dette de gratitude envers :

Les Mines de la Houve ;
Les Mines de la Petite-Rosselle ;
Les Mines de Sarre et Moselle ;
Les Mines de Frankenholz.

Nous tenons à remercier ici M. P. Corsin, assistant de Paléobotanique, du précieux concours qu'il nous a apporté, en exécutant de nombreux clichés pour le fascicule des Neuroptéridées.

P. BERTRAND.

CARACTÈRES PALÉOBOTANIQUES ESSENTIELS
DES DIFFÉRENTES ASSISES HOUILLÈRES
DE LA SARRE ET DE LA LORRAINE

Afin de permettre au lecteur de comprendre immédiatement toutes les indications, qui seront données dans le corps du présent ouvrage sur la distribution verticale de chaque espèce, il nous parait utile de présenter ici un résumé de nos connaissances paléontologiques et stratigraphiques sur le bassin houiller de la Sarre et de la Lorraine.

1. — COUCHES D'OTTWEILER

Ces couches représentent le Stéphanien; elles mesurent de 1.200 à 1.700 m. d'épaisseur et sont constituées par des grès plus ou moins grossiers et par des argiles bariolées, rouges ou verdâtres. Ce sont essentiellement des dépôts détritiques, pauvres en fossiles, mais qui renferment cependant quelques couches de charbon (veines Hirtel, Walschied, Lummerschied), très isolées dans la masse des terrains stériles. Les espèces végétales recueillies dans les couches d'Ottweiler sont stéphaniennes. Elles ont été signalées en particulier par H. Potonié ([6]). Récemment le sondage de Haute-Vigneulles n° 2 a rencontré des *Walchia (W. imbricata)*, à environ 200 m. au-dessus du conglomérat de Holz.

Des bancs de schistes argileux, particulièrement fins, renferment des *Anthracomya (A. calcifera)*, des *Estheria*, des *Candona* et des *Leaia (Leaia Bäntschi)*, qui ont été étudiées par P. Pruvost.

La base des couches d'Ottweiler est constituée par le conglomérat de Holz. Ce conglomérat, caractérisé par ses gros galets de quarzites et par ses galets de phtanite, ravine les Flambants supérieurs de Sarrebrück, dont les termes les plus élevés peuvent ainsi être supprimés.

2. — CARACTÈRES PALÉOBOTANIQUES DES COUCHES INFÉRIEURES D'OTTWEILER

Flore de Rive-de-Gier, c'est-à-dire: *Odontopteris Reichi* (Gutbier), *Pecopteris lamurensis* (Heer), *P. arborescens* Schloth., *P. polymorpha*

Brongn., *P. Plückeneti* Schl., *Callipteridium pteridium* Schl., *Sphenophyllum oblongifolium* Germar.

P. lamurensis et *P. arborescens* surtout sont caractéristiques.

Plusieurs *Sphenopteris* curieux s'ajoutent aux *Pecopteris* cités plus haut; ils paraissent spéciaux à ces couches.

Au total, les couches inférieures d'Ottweiler offrent les caractères de la zone à *P. lamurensis* du Gard et de Rive-de-Gier. Ici se produit l'extinction des *Mixoneura* du type de l'*ovata* Hoffmann (ou du moins ces *Mixoneura* deviennent excessivement rares). Les *Mariopteris* disparaissent complètement.

3. — STAMPES STÉRILES ET HORIZONS-REPÈRES DES COUCHES DE SARREBRUCK

Sous les couches d'Ottweiler gisent les couches de Sarrebrück, qui atteignent au moins 2.500 m. d'épaisseur et qui sont riches en charbon. C'est sur celles-ci que nous porterons toute notre attention. Le tableau ci-annexé est destiné à faire saisir d'un coup d'œil la composition de cette série de couches. On y remarque deux stampes stériles importantes : le conglomérat de Merlebach et le *flötzleeres Mittel*, et 5 horizons-repères : 5 *Tonsteine* (ou *gorlites*), dont l'identification est facile à contrôler grâce aux flores qui les accompagnent.

Le conglomérat de Merlebach occupe une situation très bien définie entre les Flambants inférieurs et les Flambants supérieurs. Il renferme en son milieu des bancs schisteux et un tonstein (tonstein 1). L'existence de cette stampe stérile de 230 m. est remarquable.

Une deuxième stampe stérile *(flözleeres Mittel)*, beaucoup moins nette, existe entre les Flambants inférieurs et les Gras; cette stampe est schisteuse et renferme souvent de minces couches de charbon *(Geischecke)*. La transition est donc graduelle des Gras aux Flambants inférieurs.

Enfin les Charbons gras eux-mêmes reposent sur une troisième stampe stérile, encore insuffisamment explorée et dont le substratum est inconnu à l'heure actuelle.

Les *Tonsteine* représentent les gores blancs (ou *gorlites*) des bassins stéphaniens français; ils ont le même aspect : roches à grain très fin.

compactes, de teinte claire, presque blanches ; ce sont des argiles très siliceuses, de composition assez variable ([1]). Nous ne pouvons que confirmer la constance de ces horizons et par conséquent leur grande valeur stratigraphique.

Au toit de la veine 4 de Rothell, on observe une intrusion locale de mélaphyre, qui ne peut pas être considérée comme un niveau-repère.

Entre les stampes stériles et les horizons repères, signalés plus haut, les espèces végétales se distribuent d'une manière très nette. Nous nous bornerons à compléter le tableau ci-annexé par quelques indications sommaires ; nous pensons qu'il n'y a aucun inconvénient à examiner les zones végétales successives dans l'ordre descendant.

FLAMBANTS SUPÉRIEURS DE SARREBRÜCK

Zone à *Mixoneura*

Caractère essentiel : fréquence très accusée du *Mixoneura sarana* P. B. (= *Neuropteris obovata* Potonié = *N. ovata* Potonié).

Espèces fréquentes, associées aux *Mixoneura : Margaritopteris Coemansi* Andræ, *Pecopteris sarœfolia* P. B. (= *P. Röhli* Stur), *P. longifolia* Brongn. (= *Diplazites longifolia* Stur), qui toutes les trois apparaissent dans les Flambants inférieurs.

Apparition d'espèces stéphaniennes : *Pecopteris unita* Brongn. (fréquent, apparaissant très bas), *P. Plückeneti* Schl., *P. lamurensis* (très rare) et formes affines à *P. lamurensis.* — Vers le sommet de la zone : *Odont. Reichi* Gutb., *Callipteridium pteridium* Schl. (probable), *P. polymorpha* Brongn. (probable).

Présence de plusieurs *Pecopteridium,* voisins de *P. Armasi* Zeiller et de *P. plebeium* Weiss. — Il n'y a plus de *P. Defrancei,* si ce n'est tout à fait à la base.

Persistance des *Mariopteris* du type *muricata.*

[1] Voir : P. TERMIER, *Bull. Soc. géol.* France, XXIII, 1923, p. 45.

Couches inf^{res} d'Ottweiler			**Flore de Rive de Gier** à: **P. lamurensis** **P. arborescens**, etc.		
				Conglomérat de Holz	
Assise des Flambants	Flambants supérieurs	Mixoneura sarana	**Magaritopteris Coemansi** **Pecopteris sarœfolia** **P. longifolia**		500ᵐ
				Conglomérat Tonstein 1 ++++++ de Merlebach	230ᵐ
	Flambants inférieurs	Pecopteridium Defrancei	**Apparition des Mixoneura**	Tonstein 2 ++++++	500ᵐ
			Diplotmema spinosum **Sphenopteris Goldenbergi**	Geischecke	
Assise des Charbons Gras	Division supérieure	Zone à Neuropteris tenuifolia N. linguœfolia, etc.	N. Schouchzeri	Veine 1 des Gras	
			Diplotmema Richthofeni **Sphenopteris Sauveuri** **Sph. cf. macilenta**	Veine J de Ste Fontaine	500ᵐ
				Tonstein 3 ++++++	
				Veine W de Ste Fontaine	250ᵐ
			Sphenophyllum myriophyllum	Tonstein 4 ++++++	
	Division inférᵉ			Tonstein 5 ++++++	100ᵐ
			Lin. neuropteroides **var. major**	Faisceau de Rothell	300ᵐ
				Veine Nº 1	
				Stérile de Rischbach	200ᵐ

FLAMBANTS INFÉRIEURS DE SARREBRÜCK
Zone à *Pecopteridium Defrancei* Brongn.

Caractère essentiel : fréquence du *Pecopteridium Defrancei*, qui persiste encore au toit du tonstein 1.

Première manifestation des *Mixoneura*, du type de l'*ovata* au toit du tonstein 2. — *M. sarana* est déjà fréquent au toit de la veine Wohlwert (Petite-Rosselle), sous le conglomérat de Merlebach. Il est encore associé à *P. Defrancei* à 10 m. au toit du tonstein 1. La stampe comprise entre les tonsteine 1 et 2 est par conséquent une zone de transition entre les deux flores.

Apparition de *P. saraefolia, P. longifolia, Margaritopteris Coemansi* ; les deux premiers déjà *très fréquents* à partir du tonstein 2.

Zone par excellence du *Sphenopteris Goldenbergi* Andræ.

Présence de *Diplotmema spinosum* G. Schmitz vers le haut de la zone et de *Sphen. (Zeilleria) Damesi* Stur vers le bas.

Disparition complète de *N. tenuifolia.*

ASSISE DES CHARBONS GRAS

Caractère essentiel : Fréquence de *Neuropteris tenuifolia* Schl. et de *N. linguaefolia* P. B.

Autres espèces fréquentes : *Pecopteris pennaeformis*, var. *sarana* P. B.([1]), *Sph. nummularia* Gutb., *Sigillaria mamillaris* Br., *S. Davreuxi* Br., *S. scutellata* Br., *Sig. aff. Deutschi* Br., *Asolanus camptotaenia* Wood.

Plusieurs espèces de l'assise de Bruay : *Ann. stellata, A. spheno-phylloides, Sphenophyllum emarginatum,* etc.

On constate, que la distribution verticale des espèces de part et d'autre du tonstein 4 est sensiblement la même que dans le Nord de la France, en Belgique et en Westphalie, de part et d'autre du niveau marin de Rimbert (= Petit-Buisson = Aegir).

([1]) Je n'ai rencontré qu'une seule fois le *P. Volkmanni* Sauveur ; cette espèce est donc très rare dans la Sarre. Par contre *P. pennaeformis*, var. *sarana*, peut être considéré comme très caractérisque de l'assise des Gras.

DIVISION SUPÉRIEURE DES GRAS

(ASSISE DE SULZBACH)

Zone à *Neuropteris Scheuchzeri* Hoffmann et à *Diplotmema Richthofeni* Stur

Espèces satellites: *Sphenopteris Sauveuri* Crépin, *Sph. quadridactylites* Gutb., *Sph. (Renaultia) du* type *chaerophylloides–typica* Stur et du type *rutaefolia* Gutb., *Sph. cf. macilenta* Potonié (¹). — *Sphenophyllum majus* Bronn, *S. emarginatum* Brongn., etc.

En somme: espèces de l'assise de Bruay.

DIVISION INFÉRIEURE DES GRAS

(ASSISE DE ROTHELL)

Zone à *Sphenophyllum myriophyllum* Crépin
et à *Linopteris neuropteroides*, var. *major* Potonié

Zone mal caractérisée, car *S. myriophyllum* s'élève jusqu'à 300 mètres au-dessus du tonstein 4 (²).

Présence assez fréquente de *Linopteris neuropteroides var. major,* caractéristique.

Fréquence moins grande de *N. tenuifolia,* qui paraît manquer dans les couches 1 à 4 de Rothell.

Il est probable que des recherches plus minutieuses feront apparaître les *Lonchopteris* du type *rugosa* dans le faisceau de Rothell. Le *Lonch. Bauri* Andræ, très rare a été observé seulement au voisinage du tonstein 3.

CONCLUSION

1° Le terrain houiller de la Sarre et de la Lorraine englobe le Stéphanien et une partie du Westphalien. La limite entre les deux étages est à la base du conglomérat de Holz. Au-dessus de ce conglomérat, c'est

---

(¹) A ces espèces, il faudrait ajouter sans doute : *Zeilleria avoldensis* Stur, mais le type de Stur, fréquent en Belgique et dans le Nord de la France, est bien difficile à retrouver, même à St-Avold !

(²) C'est à grand regret que nous avons recours à cette espèce qui a une extension verticale énorme. Elle n'est pas rare dans l'assise de Vicoigne du Nord de la France, c'est-à-dire dans le Westphalien inférieur ; elle traverse toute l'assise d'Anzin et ne consent à disparaître que devant l'envahissement des *Sphenophyllum majus* et *emarginatum.*

la flore de Rive-de-Gier sans *Mariopteris* et sans *Mixoneura* (ou avec *Mixoneura* très rares); au-dessous c'est la zone à *Mixoneura*, avec persistance des *Mariopteris.*

2° L'assise de la Houve (Flambants supérieurs et inférieurs de Sarrebrück) n'est pas connue jusqu'ici dans le Nord de la France, ni en Belgique, ni en Hollande, ni en Westphalie. Elle mesure environ 1.200 mètres d'épaisseur.

3° L'assise des charbons gras de Sarrebrück comprend deux divisions, séparées par le tonstein n° 4, qui représente approximativement le niveau marin de Rimbert du Nord de la France ([1]). La division supérieure (assise de Sulzbach) représente l'assise de Bruay. (= oberste Flammkohle ou assise de Piesberg en Westphalie). La division inférieure (assise de Rothell), épaisse d'au moins 400 mètres, représente certainement une bonne partie de l'assise d'Anzin ; c'est dans cette zone inférieure (faisceau de Rothell), qu'il faudrait rechercher les *Lonchopteris* du type *rugosa.*

4° Il est impossible d'affirmer actuellement, qu'il n'y a pas sous le stérile sous-jacent aux couches de Rothell des couches de la série westphalienne plus anciennes que l'assise d'Anzin : le fond du bassin de la Sarre est inconnu.

5° Malgré cette restriction, le terrain houiller de la Sarre et de la Lorraine représente une série continue, sans lacune paléontologique, sans lacune stratigraphique importante; il permet de relier très exactement les bassins westphaliens paraliques (Nord de la France, etc.) aux bassins stéphaniens exclusivement limniques (St-Etienne, le Gard, etc.).

([1]) P. BERTRAND. L'âge des charbons gras de la Sarre. *Ann. soc. géol. du Nord*, t. 51, déc. 1926.

BIBLIOGRAPHIE

1. F. Goldenberg. — Flora saræpontana fossilis, Sarrebrück, 1855-1862.

2. C. J. Andræ. — Vorweltliche Pflanzen aus dem Steinkohl. d. preuss. Rheinl. u. Westphal., Bonn., 1865-69.

3. E. Weiss. — Foss. flora d. jungst. St. k. form. u. d. Rotlieg. im Saar-Rh. Gebiete. Bonn., 1869-1872.

4. D. Stur. — Die Carbonflora d. Schatzlar Sch. *Abh. d. k. k. geolog. Reichsanst,* t. XI, 1re partie : Die Farne. Vienne, 1885.

5. H. Potonié. — Beschr. u. Abbild. fossiler Pflanzenreste. Berlin, 1903-1914.

6. H. Potonié *in* : A. Leppla. — Geol. Skizze des Saarbr. St. k. gebirges. *Festschr. z. IX. allgem. deutsch. Bergmannstage :* Der St. k. bergbau d. pr. Staates in d Umgeb. v. Saarbrücken, 1904.

7. H. Potonié *in* : L. van Werveke. — Erlaüterung. z. Blatt Saarbrück d. geol. Uebersichtsk. von Elsass-Lothring. Strasbourg, 1906.

8. R. Zeiller. — Plantes houill. des sondages d'Eply, Lesménils et Pont-à-Mousson (Meurthe et Moselle). *C. R. Acad. d. Sc.* Paris t. 140, p. 837, 27 Mars 1905.

   Id. — Sur la flore et sur les niveaux relatifs des sondages houill. de Meurthe et Moselle. *C. R. Acad. Sc.* Paris, t. 144, p. 1137, 27 Mai 1907.

   Id. — Sondage de Mont-sur-Meurthe. *C. R. Acad. Sc.* Paris, t. 145, p.   31 Juill. 1907.

9. H. Potonié. — Die Art d. Untersuch. von Carbonbohrkern. auf Pflanzenreste, p. 10. *Naturwiss. Wochenschr.* Neue Folge I, n° 23, 1902.

10. H. Potonié et W. Gothan. — Paläobotanisches Praktikum Berlin, 1913, p. 146.

11. W. Gothan. Essai de parallélisation de quelques bassins houillers de l'Europe centrale. *Botan. Jahrb. für system. Pflanz. gesch. u. Pflanz. geogr.,* t. 52, fasc. 3, 1915, pp. 252-255.

PUBLICATIONS RÉCENTES
RELATIVES A LA PALÉONTOLOGIE STRATIGRAPHIQUE DU BASSIN HOUILLER DE LA SARRE ET DE LA LORRAINE.

EMM. DE MARGERIE. — Le bassin houiller de la Sarre et ses prolongements. *Trav. d. comité d'études. Sect. géol.* cartes Pl. IV et V. Paris 1920.

LANGROGNE et BERGERAT. — Notice sur le gisement houiller de la Lorraine. *Rev. Industr. minér.*, *Mém.* 1er févr. 1921, pp. 75-219.

KESSLER. — Observations paléobotaniques sur les sondages allemands exécutés en Lorraine de 1900 à 1910, publiées par LANGROGNE et BERGERAT (ouvrage cité ci-dessus).

CH. BARROIS, P. BERTRAND, P. PRUVOST : Observations sur le terrain houiller de la Moselle. *Congr. géol. internat.* XIIIᵉ session, Belgique, 1922, p. 375.

IBID. — *C. R. Acad. Sc.* Paris., t. 175, p. 657, 23 Octobre 1922.

P. BERTRAND. — Succession régulière des zones végét. dans les différ. bass. houill. français. *Congr. géol. internat.* Belgique 1922, pp. 599-610.

P. PRUVOST. — Les divisions paléontolog. dans le terr. houill. de l'Europe occident. d'après les caract. de la faune limnique. *Congr. géol. intern.* Belgique 1922, p. 639.

P. BERTRAND. — Flores houill. de la Sarre. *C. R. Acad. Sc.* Paris, t. 175, p. 770, 30 Oct. 1922.

P. TERMIER. — Observations sur les Tonsteine de la Sarre. *Bull. Soc. géol. France* (4) XXIII, 1923, p. 45.

P. BERTRAND. — La zone à *Mixoneura* du Westphalien supr. *C. R. Acad. Sc.* Paris, t. 183 p. 1349, 27 Déc. 1926.

IDEM.. — L'âge des charbons gras de la Sarre. *Ann. Soc. géol. du Nord*, t. 51, Déc. 1926.

P. PRUVOST. — La faune continentale et la division stratigraphique des terrains houillers. *Congr. d. stratigr. carbonif.* Heerlen, 1927, pp. 519-534, Pl. XIV.

P. BERTRAND. — L'échelle stratigraphique du terrain houiller de la Sarre et de la Lorraine. *Congr. d. stratigr. carbonif.* Heerlen, 1927, pp. 83-92.

P. PRUVOST. — La structure du bassin houiller de la Sarre. *Conférence faite à la sect. de Liège de l'A.I.L.*, le 21 Février 1926. *Rev. univers. d. Mines*, 7ᵉ sér., t. XVII, nᵒ 2, Liège. 15 Janv. 1928, pp. 61-79.

PREMIER FASCICULE

LES NEUROPTÉRIDEES

DES COUCHES DE SARREBRÜCK

Les Neuroptéridées des couches de Sarrebrück appartiennent aux genres et aux groupes suivants :

1º Groupe du NEUROPTERIS HETEROPHYLLA :

N. tenuifolia Schloth.

N. cf. rarinervis Zeiller (= *N. Nikolausi* Gothan).

N. aff. flexuosa-Cisti Brongn.

2º Groupe des RACHIVESTITÉES :

N. Scheuchzeri Hoffmann.

N. linguœnova nov. sp.

N. linguaefolia nov. sp.

Linopteris neuropteroides Gutbier.

3º Genre MIXONEURA :

M. sarana nov. sp.

M. Deflinei nov. sp.

M. Voutersi nov. sp.

4º Genre ODONTOPTERIS :

O. Reichi Gutbier.

O. Peyerimhoffi nov. sp.

O. Barroisi nov. sp.

O. Jeanpauli nov. sp.

Soit, en tout : 14 espèces, dont 8 nouvelles.

TYPES DOUTEUX OU INSUFFISAMMENT OBSERVÉS

Neuropteris triangularis P. Bertr. — Sous ce nom, nous décrirons de grandes pinnules triangulaires, que nous attribuons provisoirement au *Mixoneura sarana,* avec lequel elles sont toujours associées.

Neuropteris cf. cordata Brongniart. — Des fragments, paraissant appartenir à cette espèce, ont été rencontrés au sondage de Hte-Vigneulles n° 2 dans les Flambants supérieurs. Ils sont trop mal conservés pour être décrits.

Linopteris Münsteri Eichwald. — La présence de cette espèce dans les couches de Sarrebrück demeure très douteuse. Nous ne l'avons jamais rencontrée, malgré toutes nos recherches. Si elle existe dans l'assise des Gras, elle y est très rare.

Neuropteris gigantea Sternb., *N. heterophylla* Brongn. — Nous n'avons jamais trouvé ces espèces dans la Sarre. Leur présence dans les listes d'espèces publiées est due, croyons-nous, à des erreurs de détermination.

Neuropteris heterophylla Brongniart n'a jamais été observé dans ce district. Les indications contraires reposent sur une confusion avec le *Mixoneura sarana* P. Bertr. D'ailleurs la zone de prédilection de cette espèce serait inférieure à l'assise des Charbons gras et, par conséquent, n'a pas encore était touchée par les explorations.

Neuropteris crenulata Brongniart. — Nous avons reconnu que cette espèce est en réalité un *Sphenopteris.* Nous avons donc réservé sa description pour le fascicule, qui traitera des Sphénoptéridées.

Odontopteris obtusa (Brongniart ?), *O. osmundœformis* Schloth., *O. subcrenulata,* Rost. — Nous n'avons rencontré dans les couches de Sarrebrück aucune de ces trois espèces signalées par Potonié. Pour savoir quelle est la signification exacte de ces trois déterminations, il faudrait voir les échantillons originaux. Il est possible que ces espèces nous aient échappé en raison de leur rareté. D'après Potonié [1], *O. obtusa* aurait été recueilli au toit de la veine Amelung, au Siège v. d. Heydt.

Odontopteris alpina Sternberg. — L'espèce décrite sous ce nom par Potonié [2] est évidemment différente du type de Sternberg. Nous proposons pour elle le nom d'*O. Jeanpauli.*

[1] H. POTONIÉ. — Abb. u. Beschr., 1904, n° 23.
[2] IBID. — 1904, n° 22, fig. 1.

Groupe du NEUROPTERIS HETEROPHYLLA

Organisation générale de la fronde. — Il subsiste toujours une légère incertitude sur l'organisation générale de la fronde dans ce groupe. La fronde était certainement de grande taille et au moins 3 fois divisée. Un exemplaire à peu près complet de *N. heterophylla,* décrit par Röhl, offrait les caractères suivants : fronde divisée en deux sections symétriques, portées à l'extrémité d'un gros rachis primaire, — rachis primaire portant en-dessous de la bifurcation deux rangées alternes ou subopposées de grands *Cyclopteris,* — chacune des sections de fronde tripinnée, c'est-à-dire 3 fois divisée ([1]), — à l'extérieur de la bifurcation grandes pennes primaires bipinnées ; à l'intérieur et au voisinage de la bifurcation, pennes unipinnées, c'est-à-dire semblables à des pennes secondaires.

Pennes intercalaires. — En complétant cette description au moyen du grand échantillon, figuré par Brongniart ([2]), on doit ajouter qu'il y avait des *pennes intercalaires,* c'est-à-dire des pennes semblables à des pennes secondaires, insérées directement sur les segments du rachis, entre les grandes pennes primaires. La présence de pennes intercalaires, de longueur très variable, est un caractère tout à fait normal de la fronde chez les *Neuropteris* du groupe de l'*heterophylla.* Il se retrouve très accusé chez les *Mixoneura* (voir Pl. XIX).

Il est très douteux, que toutes les frondes de *Neuropteris,* même celles du *N. heterophylla,* aient présenté la régularité de disposition, indiquée ci-dessus. Il est plus probable que le rachis primaire subissait plus d'une bifurcation et que ces bifurcations étaient *dissymétriques.* A chaque bifurcation, il y avait production d'une *section de fronde tripinnée,* tandis que l'autre section continuait à grandir et à se ramifier.

En vue de simplifier les descriptions, il est donc avantageux de se borner à envisager la *section de fronde,* au lieu de la fronde complète. Nous appellerons rachis primaire, le rachis principal de la section.

Nous dirons donc :

Section de fronde tripinnée, portant 2 rangées de pennes primaires, alternes, inégales et non symétriques, l'une à droite, l'autre à gauche ; *pennes primaires*

([1]) Ceci d'après l'exemplaire de Brongniart (Histoire des Végétaux fossiles, Pl. 71).
([2]) *loc. cit.* Pl. 71.

3

dissymétriques, portant 2 rangées de pennes secondaires; *pennes secondaires unipinnées,* comprenant 2 rangées de pinnules latérales et une pinnule terminale. En outre : des *pennes intercalaires* et éventuellement : des *Cyclopteris,* insérés entre les grandes pennes primaires.

Le groupe du *Neuropteris heterophylla* est représenté dans la Sarre et en Lorraine par 3 espèces :

N. tenuifolia Schlotheim.

N. cf. rarinervis Zeiller = *N. Nikolausi* Gothan.

N. aff. flexuosa-Cisti Brongniart.

Les deux premières seront seules figurées et décrites ci-après.

Les couches de Sarrebrück renferment vraisemblablement d'autres *Neuropteris* du même groupe; nous signalerons notamment une forme très semblable au *N. cordata* Brongniart, qui pourrait bien faire son apparition dans les Flambants supérieurs. Faute de documents suffisants, il nous est impossible d'insister davantage sur les espèces en question, qui sont rares et ne se révèlent qu'après des recherches poursuivies pendant plusieurs années.

Neuropteris heterophylla (Zeiller, Kessler), *N. ovata* (Potonié), *N. obovata* (Potonié), signalés dans la Sarre par nos prédécesseurs, doivent être rayés des listes et remplacés par *Mixoneura sarana* P.B.

NEUROPTERIS TENUIFOLIA Schlotheim

Pl. I à VII

1820. **Filicites tenuifolius.** Schlotheim, *Petrefactenkunde,* p. 405, Pl. XXII, Fig. 1.

DIAGNOSE. — *Espèce caractérisée par la présence, dans certaines régions de la fronde de pinnules relativement étroites, arquées et acuminées (Pl. V et VI). Nervures latérales fines, bifurquées deux ou trois fois, non serrées. Pinnules terminales des pennes secondaires, tournées vers la base de la fronde, également allongées et effilées (fig. 2, Pl. III).*

Les pinnules latérales sont en réalité de forme très variable, souvent ovales et peu allongées (Pl. II, III et IV). Les pinnules caractéristiques, *arquées et acuminées,* garnissent de préférence l'extrémité des pennes primaires où elles se substituent aux pennes secondaires (Pl. V). Même, les pennes primaires les plus élevées (P_2, Pl. I) sont garnies à peu près exclusivement de pinnules arquées. Enfin des pinnules, offrant le même caractère, doivent certainement garnir les pennes secondaires occupant les régions les plus basses de la fronde.

Pinnules basilaires. — Des pinnules relativement larges et massives sont insérées parfois à la base des pennes secondaires ; c'est ce que l'on observe sur l'échantillon de la Pl. IV, fig. 1 *a* et 1 *b*. Même, certaines pinnules basilaires se montrent pourvues d'un petit lobe ou oreille, étalé sur le rachis secondaire. Ces pinnules s'écartent beaucoup, on le voit, de la forme considérée comme caractéristique de *N. tenuifolia*.

Pinnules terminales. — Les pinnules terminales des pennes secondaires sont apparemment de deux sortes : (Pl. I, II et III) ; celles qui sont tournées vers le sommet, sont larges et obtuses (fig. 1, Pl. III) ; celles qui sont tournées vers la base de la fronde, sont allongées et effilées (fig. 2, Pl. III).

Dissymétrie des pennes primaires. — Les Pl. I, II et III montrent bien la dissymétrie, qui existe entre les deux moitiés d'une même penne primaire : les pennes secondaires, tournées vers le bas, sont plus allongées que celles tournées vers le haut. Bien entendu, le haut de la planche est tourné vers le sommet, c'est-à-dire vers l'extrémité de la fronde.

Dissymétrie des pennes secondaires. — Une dissymétrie analogue se remarque entre les deux moitiés de chaque penne secondaire : les pinnules, garnissant le côté inférieur de la penne, sont plus fortes, plus allongées que celles qui garnissent le côté supérieur (fig. 2 et 3, Pl. VI).

Cyclopteris de grande taille, à nervures espacées, bien distinctes, bifurquées 2 ou 3 fois (Pl. VII). — Les *Cyclopteris* étaient fixés probablement sur le gros rachis primaire au-dessous de la bifurcation. Ils sont très semblables au *C. dilatata* de Lindley et Hutton. Celui de la Fig. 1, Pl. VII, est pourvu de deux lobes ou expansions latérales, qui se recouvrent l'une l'autre en avant. Il montre bien la forme générale de ces grandes pinnules orbiculaires, caractéristiques des *Neuropteris* du groupe de l'*heterophylla*.

Autres remarques. — L'ensemble de la fronde n'étant pas connu, nous ignorons s'il y avait une ou plusieurs bifurcations du pétiole primaire. A défaut de la fronde entière, il suffit de savoir, qu'une grande section de fronde, comme celle de la Pl. I, était *tripinnée,* c'est-à-dire 3 fois divisée, c'est-à-dire composée de pennes primaires, constituées elles-mêmes par des pennes secondaires, constituées à leur tour par des pinnules disposées sur 2 rangées alternantes. Ces notions suffisent amplement pour comprendre toutes les figures des Pl. I à VI.

La penne primaire de la Pl. IV, en raison de son apparence robuste nous parait appartenir, soit à des régions de la fronde plus basses que la penne P_5 de la Pl. I, soit à une fronde de plus grande taille que celle de la Pl. I.

L'échantillon de la Pl. V, qui au premier abord parait très différent des autres, représente évidemment le sommet d'une penne primaire, ce dont il est facile de s'assurer en le comparant aux pennes primaires de la Pl. I.

Pennes intercalaires. — Nous n'avons jamais observé de pennes intercalaires chez *N. tenuifolia* ; nous croyons cependant que cette espèce en était pourvue, comme toutes les espèces du groupe de l'*heterophylla*.

Synonymie. — L'échantillon type de Schlotheim provenant de Sarrebrück, il n'est pas douteux que les échantillons récoltés dans le bassin de la Sarre appartiennent bien au véritable *N. tenuifolia* Schloth.

Par contre, ceux récoltés dans le bassin houiller du Nord de la France et décrits sous ce nom par R. Zeiller et d'autres auteurs, diffèrent du type de Schlotheim par de légers caractères, en particulier par leurs pinnules plus caduques, plus détachées du rachis et à nervures plus fines. — C'est là, croyons-nous, une simple variété régionale et non une espèce autonome, nous l'appellerons : *N. tenuifolia*, var. *nordfrancia*.

Analogies. — C'est seulement avec *N. rarinervis* Zeiller, qu'une confusion est possible. Les formes à petites pinnules de *N. tenuifolia* se rapprochent en effet beaucoup des formes à grandes pinnules de *N. rarinervis* : la nervation permettra de les distinguer.

Par ailleurs, il n'est pas possible de confondre *N. tenuifolia*, ni avec *N. heterophylla*, ni avec les diverses formes de *Mixoneura,* dès que l'on possède une penne secondaire, assez bien conservée.

GISEMENT. — Le *Neuropteris tenuifolia* est par excellence l'espèce caractéristique des Charbons gras ; elle foisonne sur toute leur épaisseur, mais parait manquer dans les couches inférieures (couches 1 à 4 de Rothell).

De très beaux échantillons ont été recueillis au toit de la couche 6 d'Hirschbach et de la couche 13 de Mellin. Citons également la série des veines A à W de Sainte-Fontaine, dont presque tous les toits renferment cette espèce en abondance.

NEUROPTERIS NIKOLAUSI (Gothan)
(= N. cf. RARINERVIS Zeiller)
Pl. VIII et VIII bis.

1888. **Neuropteris rarinervis.** R. Zeiller. *Bass. h. de Valenciennes.* Flore fossile. Pl. 45, Fig. 1 à 4.

1913. **Neuropteris Nikolausiana.** Gothan. *Flore fossile de Haute-Silésie* Pl. 48 et Pl. 49, Fig. 1.

1847. **Neuropteris rarinervis.** Bunbury ?? *Quart. Journ. geol. Soc.,* III, p. 423-438, Pl. XXII, Londres.

Espèce caractérisée par ses petites pinnules et par ses nervures peu nombreuses, épaisses et distantes.

Diagnose. — *Pinnules droites, planes ou un peu bombées sur les bords, quelquefois un peu élargies à la base ; généralement à bords parallèles, ou convergeant légèrement vers le haut, arrondies au sommet.*

Nervation parfois bien marquée : nervure médiane très forte, se suivant presque jusqu'au sommet de la pinnule ; nervures secondaires peu nombreuses, très fortes, saillantes en dessous, divisées deux ou trois fois par dichotomie en nervures fortes, bien séparées.

En somme : *nervures peu nombreuses et épaisses, à parcours un peu ondulé* (voir Pl. VIII *bis*, échantillon de Sainte-Fontaine).

Autres caractères. — Frondes de grande taille, au moins tripinnées, à ramifications irrégulières et souvent dissymétriques, offrant le même degré de complexité, que *N. heterophylla* et *N. tenuifolia* ; en particulier : présence de pennes intercalaires, s'insérant sur le rachis primaire entre les pennes primaires.

Rachis fibreux, analogues à ceux de *N. tenuifolia.*

Cyclopteris de petite taille, notablement plus petits que ceux de *N. heterophylla* et *N. tenuifolia.*

Remarques. — La fronde de cette espèce offre certainement une structure générale très semblable à celle de *N. tenuifolia.* Le fragment de fronde : fig. 2, Pl. VIII, qui montre 4 ou 5 pennes primaires, est tout à fait comparable comme organisation au fragment de fronde de *N. tenuifolia,* fig. 1, Pl. I. Les deux espèces diffèrent seulement par les dimensions et par la forme des pinnules, et par les caractères de la nervation.

Sur la penne primaire la plus élevée P_1, les pennes secondaires sont remplacées par de grandes pinnules simples, allongées, comme chez *N. tenuifolia.*

D'après une découverte toute récente d'A. Carpentier (Mai 1929), la fronde de *N. Nikolausi-rarinervis* était divisée en deux sections égales au sommet du rachis primaire. Au-dessous de la bifurcation, le rachis était garni de *Cyclopteris* et portait de grandes pennes primaires ; chaque penne primaire à l'état jeune était vraisemblablement enroulée et nichée à l'intérieur d'un *Cyclopteris* ou entre deux *Cyclopteris*.

Pennes intercalaires. — Les échantillons, récoltés à Hirschbach, veine 12, sont pourvus de pennes intercalaires, bipartites. L'une de ces pennes est visible en grandeur naturelle, fig. 1, Pl. VIII ; elle est représentée, grossie 3 fois, fig. 2, Pl. VIII bis. La section de la penne intercalaire, tournée vers le bas, est plus développée que la section tournée vers le haut. On croirait voir 2 pennes secondaires, fixées au même point *i*, du rachis R R.

Le bel échantillon de *Neuropteris Nikolausiana*, figuré par W. Gothan dans la Flore de Haute-Silésie (Pl. 48), est pourvu lui aussi de pennes intercalaires bipartites. Ainsi tous les caractères plaident en faveur de l'identité de *N. Nikolausi* Gothan avec *N. cf. rarinervis* de la Sarre.

De beaux échantillons de *N. cf. rarinervis* Zeiller, recueillis par P. Corsin au puits n° 9 des mines de Béthune, se sont montrés également pourvus de pennes intercalaires, simples, semblables à de petites pennes secondaires.

Echantillon de Ste-Fontaine. — Cet échantillon, très remarquable, (fig. 1, Pl. VIII bis) n'a été admis à la figuration, qu'après qu'une comparaison minutieuse avec les nombreux spécimens d'Hirschbach, m'eut convaincu de son identité spécifique. L'état de conservation de cette penne est excellent ; les bords des pinnules *ne sont pas roulés en dessous,* comme sur les échantillons d'Hirschbach ; à part cette différence d'état, le parcours nervuraire est le même de part et d'autre. L'échantillon de Ste-Fontaine est une empreinte en relief, avec limbe carbonisé conservé, et nervures saillantes en dessus.

Synonymie. — Il nous est impossible d'admettre l'identité des échantillons européens avec le *N. rarinervis* de Bunbury, qui provient du Cap Breton. La figure publiée par Bunbury est insuffisante et ne permet pas de caractériser l'espèce américaine. A notre avis, le nom de *N. rarinervis* doit être abandonné et remplacé par celui de *N. Nikolausi* Gothan.

Il y a en effet une très grande similitude entre les échantillons de *N. rarinervis* du bassin de Valenciennes, ceux de la Sarre et ceux de *N. Nikolausi* de la Haute-Silésie, et si l'identité n'est pas parfaite, il faut néanmoins y regarder de très près pour apercevoir de minimes différences. Au point de vue de la forme des pinnules, nous ne voyons aucune différence entre les échantillons de la Sarre et le *N. Niko-lausi* Gothan.

Sur les échantillons de *N. rarinervis* Zeiller du bassin de Valenciennes, les nervures paraissent en général moins serrées que sur ceux de la Sarre. Il est donc possible que l'on arrive, comme pour *N. tenuifolia* à distinguer des variétés régionales de *N. Nikolausi*: variété *nordfrancia*, variété *sarana*.

Analogies. — Les formes à très petites pinnules de *N. heterophylla* et de *N. obliqua* pourraient seules être confondues avec cette espèce. Les formes à petites pinnules de *N. tenuifolia* s'en rapprochent aussi beaucoup ; mais la nervation est différente.

GISEMENT. — *N. rarinervis* Zeiller (= *N. Nikolausi* Gothan) est rare dans la Sarre. Il a été observé au toit des veines 12 et 13 Sud d'Hirschbach ; au mur du tonstein de la veine T de Sainte-Fontaine (probablement tonstein n° 3); enfin dans le sondage de Sainte-Fontaine poussé au mur du même tonstein n° 3, en vue d'explorer le faisceau des Rothell.

Cette espèce paraît donc localisée dans la division des Charbons gras, inférieure au tonstein n° 3. Nous admettons qu'elle caractérise le faisceau des Rothell avec *Linopteris neuropteroides*, forme *major*, et de rares exemplaires de *Neur. aff. flexuosa.*

NEUROPTERIS aff. FLEXUOSA ET CISTI BRONGNIART.

1828-36. **Neuropteris cf. flexuosa,** BRONGNIART, *Hist. d. végét. foss.* Pl. 68, Fig. 2 et 20.
   »   **Neuropteris Cisti,** BRONGNIART   —   *ibid.*   Pl. 70, Fig. 3.

Une espèce encore indéterminée, à *limbe large* comme *N. flexuosa* Brongn., mais à nervation rappelant plutôt *N. Cisti* Brongn., se rencontre çà et là, dans le faisceau de Rothell. Nous pensons, qu'elle joue dans la Sarre le même rôle que le *N. flexuosa* dans le Nord de la France. Elle caractérise les parties les plus basses de l'assise des Charbons gras. Les fragments récoltés jusqu'ici sont insuffisants pour la figuration.

Groupe des RACHIVESTITEES

(PARIPINNÉES DE GOTHAN)

Sous le nom de Rachivestitées, nous proposons de réunir toutes les Neuropté-ridées, classées jusqu'ici : 1° dans le groupe du *Neuropteris gigantea* Sternberg. 2° dans celui du *Linopteris sub-Brongniarti* Grand'Eury.

Le premier groupe a été désigné par Gothan sous le nom de Paripinnées. Le nom de Rachivestitées nous paraît plus général et a l'avantage de rappeler un caractère plus apparent que celui de Paripinnées. Comme il est bien établi maintenant que les *Neuropteris* et les *Linopteris* en question appartiennent à un même groupe naturel, il y a tout intérêt à les décrire à la suite les uns des autres.

DÉFINITION DES RACHIVESTITÉES. — Neuroptéridées à grandes pinnules, à nervures simples (*Neuropteris*) ou anastomosées (*Linopteris*), généralement très fines et très serrées.

Rachis secondaires habillés, c'est-à-dire garnis dans les intervalles entre les pennes secondaires de pinnules nombreuses (= *pinnules intercalaires*), de tous points semblables aux pinnules normales, mais en général plus petites, souvent orbiculaires.

Extrémité des pennes secondaires, portant *deux petites pinnules légèrement inégales entre elles,* au lieu d'une seule grande pinnule terminale.

Enfin dans l'édification générale de la fronde, s'introduisent de fréquentes dichotomies.

PRINCIPALES RACHIVESTITÉES. — Il faut citer d'abord :

Neuropteris gigantea Sternb., *N. pseudogigantea* Potonié, du Westphalien du Nord de la France. — *Linopteris sub. Brongniarti* Gr. E. de l'assise de Bruay, *Linopteris Brongniarti* Gutbier du Stéphanien.

Les espèces précédentes n'ont pas encore été rencontrées dans la Sarre ; les espèces suivantes ont seules été observées dans la Sarre :

Neuropteris Scheuchzeri Hoffmann (caractéristique de la division supérieure des Charbons gras de la Sarre et de l'assise de Bruay), *N. linguænova*, nov. sp., *N. linguæfolia*, nov. sp. (commun dans la Sarre et dans le Nord de la France), *Linopteris neuropteroides* Gutbier.

Ces quatre espèces seront décrites ci-après.

NEUROPTERIS SCHEUCHZERI Hoffmann.

Planches IX à XII.

1826. **Neuropteris Scheuchzeri**. Hoffmann, *in* Keferstein, *Teutschl. geogn.-geol. Darstell.,* Fasc. IV, Pl. 1 b., Fig. 1 à 4.
1888. **Neuropteris Scheuchzeri**. R. Zeiller, *flore foss. de Valenciennes*, Atlas, Pl. 41, Fig. 1 à 3.

CARACTÈRES DES PINNULES. — *Grandes pinnules, longues de 2 à 10 centimètres, larges de 8 à 25 millimètres, de forme triangulaire, les unes larges et obtuses au sommet, presqu'ovales, à bords ondulés, les autres très longues, effilées, à bords rectilignes, terminées en pointe obtuse.*

Pinnules accompagnées, presque toutes, d'une petite pinnule orbiculaire, fixée à la base de la grande pinnule et sur son bord supérieur.

Nervure médiane très fine ; nervures latérales, excessivement serrées et obliques, se détachant de la nervure médiane sous un angle très aigu.

Enfin, face inférieure des pinnules, hérissées de poils raides, atteignant 1^{mm}5 à 3^{mm} de longueur.

Habituellement, les pinnules de *N. Scheuchzeri* fixées aux rachis d'une manière très fragile, se rencontrent isolées les unes des autres à la surface des plaques de schistes. Mais le bassin de la Sarre a livré de beaux échantillons de cette espèce. Celui, que nous figurons Pl. IX à XI, a été recueilli par M. Chandesris, Ingénieur en chef des Mines domaniales, au toit de la veine 22 de Saint-Ingbert (= veine 15 des Gras) , à 340 mètres environ du travers-banc principal. La dalle de schiste, qui porte l'empreinte, mesure 1^m de hauteur sur 0^{m}80 de large.

Malgré ses dimensions relativement grandes, l'échantillon de Saint-Ingbert ne représente qu'une petite partie d'une fronde géante de *N. Scheuchzeri*. C'est ce que l'on appelle, en langage technique, *une penne primaire*. Une fronde entière comprendrait plusieurs pennes primaires, disposées alternativement à droite et à gauche, le long d'un rachis primaire épais.

Dans son mémoire sur la flore fossile de Valenciennes (page 252), R. Zeiller décrit, sans la figurer, une penne primaire, recueillie par L. Crépin, au toit de la veine Saint-Augustin de Bully-Grenay. En réunissant les données de R. Zeiller et les nôtres, on peut se faire une idée approximative de la taille de la fronde :

Dimensions des frondes de Neuropteris Scheuchzeri. — Frondes atteignant plusieurs mètres de longueur (au moins 4 à 5 mètres) et 1^{m}50 à 2 mètres de large, tripinnées, c'est-à-dire : trois fois divisées. — Pennes primaires pouvant atteindre 1 mètre de longueur. — Pennes secondaires pouvant atteindre 40 centimètres de longueur. — Pinnules longues de 2 à 10 centimètres et larges de 8 à 25 millimètres.

REMARQUE. — Si l'on tient compte de la présence de petites pinnules orbiculaires à la base des grandes pinnules, la fronde nous apparaît comme 4 fois divisée et non pas 3 fois.

Dissymétrie des pennes primaires. — Cette dissymétrie est très apparente sur l'échantillon de St-Ingbert (voir Pl. IX et X). A gauche, les pennes secondaires, relativement courtes, dirigées obliquement vers le haut, partent du rachis R sous des angles voisins de 45°. A droite, les pennes secondaires, très longues, très étalées, partent du rachis sous des angles voisins de 60° et se recourbent élégamment vers l'extérieur.

4

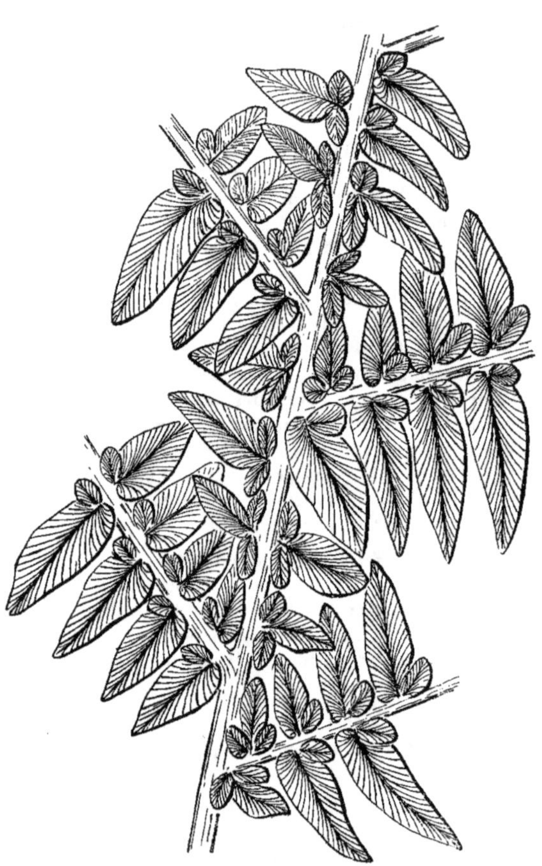

Fig. 1. — *Neuropteris Scheuchzeri* Hoffmann. Croquis schématique de la région centrale du grand échantillon de St-Ingbert, destiné à montrer les pinnules unilobées et les petites pennes trifoliées, habillant le rachis secondaire. Croquis exécuté d'après la fig. 1, Pl. X.

Mais ce qui est encore plus frappant, c'est que les pinnules de gauche sont courtes et larges, tandis que les pinnules de droite sont étroites, allongées et terminées en pointe obtuse. Il y a vraiment deux formes de pinnules, très différentes de part et d'autre.

Les pennes de gauche, garnies de pinnules courtes, étaient tournées vers le sommet de la fronde. Les pennes de droite, garnies de pinnules allongées, étaient tournées vers la base de la fronde.

Pinnules intercalaires. — Entre les pennes secondaires, le rachis principal de la penne primaire est garni de pinnules de tailles décroissantes (fig. 1 du texte). Ces pinnules intercalaires sont plus petites que les pinnules normales ; leur forme est variable ; suivant leur position, elles sont accompagnées à la base d'un ou deux lobes ou *oreilles*. On a alors en réalité de petites pennes trifoliées, c'est-à-dire composées de trois pinnules. Dans ces pennes trifoliées, la pinnule terminale est en principe la plus grande ; mais vers le bas du segment considéré, la pinnule inférieure s'hypertrophie et devient large, ovale, arrondie au sommet ; elle devient presqu'égale à la pinnule terminale.

Terminaison des pennes secondaires. — L'échantillon de St-Ingbert ne permet pas de voir l'aspect du sommet des pennes secondaires. C'est pourquoi nous avons cru devoir figurer, Pl. XII, un échantillon provenant du toit de la veine Valentine, de la fosse n⁰ 6 des Mines de Marles. Cet échantillon représente environ le quart supérieur d'une penne secondaire ; le sommet de la penne porte *deux* pinnules terminales, triangulaires, dirigées obliquement, adhérant largement au rachis par toute leur base ; la pinnule inférieure plus grande que la pinnule supérieure.

La présence de deux pinnules terminales au sommet des pennes secondaires, au lieu d'une seule, est, tout comme les pinnules intercalaires, une particularité du groupe des Rachivestitées (ou Paripinnées). L'échantillon de Marles permet donc de compléter heureusement la physionomie des frondes de *N. Scheuchzeri*.

Rapports et différences. — Il est admis qu'aucun *Neuropteris* n'est susceptible d'être confondu avec *N. Scheuchzeri*. Les formes comme *N. acutifolia* Sternb., *N. triangularis* (voir ci-après, p. 39) s'en distinguent : 1⁰ par l'absence de poils, 2⁰ par leur nervation très différente.

Variété SARANA *et variété* NORDFRANCIA. — Sur les spécimens du Nord de la France, chaque pinnule est accompagnée à sa base de deux petites pinnules orbiculaires, complètement détachées de la pinnule médiane, alors que sur les spécimens de la Sarre, il n'y en a qu'une seule, comme nous l'avons dit.

C'est là une différence minime ; elle est pourtant si constante qu'elle nous oblige à admettre l'existence de deux variétés régionales, l'une pour le Nord de la France, l'autre pour la Sarre et la Lorraine. D'ailleurs, une comparaison plus minutieuse des spécimens du Pas-de-Calais et du Nord avec ceux de la Sarre, montre que les premiers n'ont jamais de pinnules aussi larges et aussi trapues que les seconds. Les pinnules recueillies à Bruay, à Marles, à Crespin, sont toujours fines, effilées, à bords ondulés, droites ou élégamment arquées.

Variété MAJOR. — Dans les Flambants supérieurs, au toit de la veine Théodore de la Houve, nous avons recueilli des fragments de pinnules, offrant tous les caractères de *N. Scheuchzeri,* var. *nordfrancia* (voir ci-dessous fig. 2). Ces

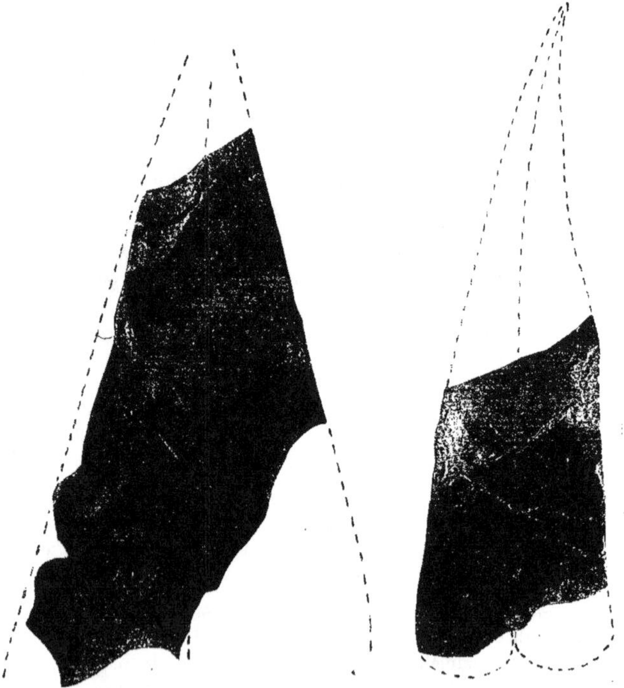

Fig. 2. — *Neuropteris Scheuchzeri,* var. *major.* Fragments de pinnules. — Gr. = 1,5
ORIGINE : La Houve, veine Théodore.

pinnules remarquables par leur grande taille (environ 1 fois et demi ou 2 fois plus grandes que les pinnules de la variété *nordfrancia*) n'offrent par contre que peu de ressemblance avec la forme de St-Ingbert.

Gisement. — Le *Neuropteris Scheuchzeri* est caractéristique de la division supérieure des Charbons gras de la Sarre. Nous ne l'avons jamais observé au-dessous du tonstein 4. Sa zone de fréquence parait comprise entre d'étroites limites : du tonstein 3 à la veine B de Ste-Fontaine.

Plus haut, il semble disparaître complètement. J'ai longtemps révoqué en doute les indications de Potonié (*in* Leppla), qui signale cette espèce dans les Flambants inférieurs et supérieurs et je persiste à croire qu'il y a eu confusion d'origine dans les échantillons déterminés *N. Scheuchzeri* par Potonié. Personnellement je n'ai jamais trouvé cette espèce dans les Flambants inférieurs, mais dans les Flambants supérieurs j'ai trouvé une seule fois la variété *major*, signalée plus haut.

Néanmoins, cette découverte nous oblige à admettre provisoirement : 1° que *N. Scheuchzeri*, devenu très rare persiste dans l'assise de la Houve ; 2° qu'il s'éteint dans les Flambants supérieurs, où il est représenté par la forme *major*, plus semblable à la variété *nordfrancia* qu'à la variété *sarana*.

NEUROPTERIS LINGUÆNOVA nov. sp.

Planches XIII et XIV

Diagnose. — *Espèce du groupe du* Neuropteris gigantea, *caractérisée par ses grandes pinnules, planes ou bombées, se présentant sous trois formes caractéristiques ; 1° forme arquée, semblable aux pinnules de* N. gigantea *(ar, fig. 1 et 2, Pl. XII) ; 2° forme* lingua = *grandes pinnules bombées, allongées, droites, un peu rétrécies au sommet (l, fig. 1, Pl. XIII et fig. 4, Pl. XIV) ; 3° forme* Scheuchzeriana = *grandes pinnules, massives, larges, parfois un peu triangulaires, à bords un peu ondulés (s, fig. 2, Pl. XIII), souvent arrondies au sommet.*

Nervures excessivement fines et serrées, dirigées très obliquement ; nervure médiane très mince, mais bien marquée sur les deux tiers de la pinnule (voir fig. 3 et 4, Pl. XIV).

Cette espèce n'est connue qu'à l'état de pinnules détachées (fig. 1, Pl. XIII). Il est difficile d'indiquer en toute certitude la position des trois sortes de pinnules, signalées plus haut, dans l'édification générale de la fronde. Néanmoins, nous avons tout lieu de supposer que la fronde du *Neuropteris linguœnova* possédait une architecture très semblable à celle de la fronde du *Linopteris neuropteroides* (voir : Pl. XVI et XVIII). Si cette manière de voir est juste, les pinnules les plus effilées (formes *gigantea* et *lingua*) garnissaient les pennes secondaires tournées vers la base de la fronde. Les pinnules plus massives, de forme *scheuchzeriana,* garnissaient au contraire les pennes secondaires tournées vers le haut, ou le côté des pennes secondaires tourné vers le haut. Les petites pinnules de forme *scheuchzeriana* pouvaient être insérées à la base des pennes secondaires, à proximité de leur insertion sur le rachis secondaire. — Naturellement, la forme des pinnules était en rapport avec leur position dans la fronde et, par conséquent, des variantes sont possibles.

Outre les trois formes de grandes pinnules signalées plus haut, il y avait encore des pinnules orbiculaires (fig. 5, Pl. XIV). Entre ces pinnules orbiculaires et les grandes pinnules arquées, on observe des pinnules de taille et de forme intermédiaires, courtes et plus ou moins arquées (même figure). Pour toutes ces pinnules, il n'y a aucune hésitation possible : ce sont celles, qui habillaient les segments du rachis primaire et peut-être la base des pennes secondaires.

Il n'est donc pas douteux, que notre espèce offre tous les caractères des Rachivestitées. Pour achever de la définir, nous indiquerons ses rapports et différences avec les principales espèces du groupe.

RAPPORTS ET DIFFÉRENCES. — Très voisine de *N. gigantea* Sternb., notre espèce s'en distingue facilement, par ses pinnules plus grandes, plus larges et de formes plus variées. *N. gigantea* ne possède pas de pinnules de formes *lingua* et *scheuchzeriana*.

N. linguœfolia se distingue facilement de *N. linguœnova,* parce que la nervure médiane n'existe pas ou n'est marquée que tout à fait à la base de la pinnule. La disposition et l'aspect des nervures sont très différents chez ces deux espèces (comparer les Pl. XIV et XV).

N. pseudo-gigantea Potonié, qui présente une nervure médiane, bien marquée, est bien distinct de *N. linguœnova.* Il est caractérisé par ses pinnules *ovales,* pas arquées ou faiblement arquées. Il ne présente pas de pinnules de forme *lingua* [1].

N. Schützei Potonié est, croyons-nous, l'espèce qui offrirait le plus de ressemblances avec *N. linguœnova,* mais là encore, les figures publiées par W. Gothan dans la flore de Haute-Silésie, ne permettent pas d'identifier les deux espèces. *N. Schützei* a des pinnules droites [2], à contour un peu

[1] Voir : R. ZEILLER, flore foss. du bass. de Valenciennes, Atlas, Pl. 42.
[2] Voir : W. GOTHAN, flore houill. de la Haute-Silésie, 1913, Pl. 51 et 52.

triangulaire, c'est-à-dire un peu élargies à la base et rétrécies au sommet : ces pinnules rappellent la forme *lingua* de notre espèce, mais elles sont plus courtes, plus trapues.

En somme, *N. linguænova* représente bien une espèce nouvelle, qui prend place dans le groupe du *Neuropteris gigantea*, réellement plus étendu et plus varié qu'on ne le supposait autrefois.

La très grande finesse des nervures latérales, et les caractères de la nervure médiane, bien visibles sur les fig. 3 et 4, Pl. XIV, sont des caractères distinctifs, très nets de *N. linguænova*.

Gisement. — Nous ne connaissons encore qu'un seul gisement de cette espèce. C'est le toit de la veine W de Ste-Fontaine.

NEUROPTERIS LINGUÆFOLIA nov. sp.

Planche XV

Diagnose. — *Espèce caractérisée par ses pinnules droites, ou faiblement arquées, à bords parallèles, arrondies au sommet et à la base, légèrement échancrées en cœur à la base, ayant très souvent l'aspect d'une langue.*

Nervures serrées, rayonnant à partir de la base. Pas de nervure médiane, ou nervure médiane très courte, indiquée seulement tout en bas de la pinnule.

Beaucoup de pinnules sont linguliformes et droites. L'aspect des pinnules est assez différent, suivant qu'on les examine par leur face supérieure ou par leur face inférieure (comparer les fig. 2 *a* et 4 *a*, Pl. XV) ; sur la face supérieure, les nervures paraissent plus fines.

Les fig. 1 *a*, 2 *a* et 4 *a* représentent les formes les plus caractéristiques et les plus habituelles de pinnules. Les pinnules en forme de langue, faiblement arquées (fig. 2), peuvent atteindre de très grandes dimensions. Elles sont très frappantes.

N. linguæfolia possédait également des pinnules plus petites que les pinnules normales, et des pinnules orbiculaires, fixées directement sur les gros rachis dans les intervalles entre les pennes secondaires.

Rapports et différences. — *N. linguæfolia* se distingue à première vue de *N. pseudogigantea* Potonié et de *N. linguænova* par l'absence de nervure médiane. Il est aussi très différent de *N. gigantea* Sternb., qui a des pinnules effilées, rétrécies au sommet, nettement falciformes.

GISEMENT. — Très répandue dans les Flambants inférieurs et dans les Charbons gras de la Sarre, cette espèce n'est certainement pas passée inaperçue de nos prédécesseurs. Mais elle a été classée, notamment par Potonié, comme *N. pseudogigantea* ou *N. gigantea.*

Nous avons trouvé la même espèce très fréquente dans l'assise de Bruay du Nord de la France, par exemple : à Anzin au voisinage du niveau marin de Rimbert et dans la partie du faisceau de Cuvinot supérieur à ce niveau. Nous l'avons considérée longtemps comme caractéristique de la zone B₃ ; or il est établi aujourd'hui que la zone B₃ constitue la partie inférieure de l'assise de Bruay. Nos observations anciennes et nouvelles sont donc tout à fait concordantes.

D'autre part, on sait que les Charbons gras de la Sarre englobent l'assise de Bruay, qu'ils débordent peut-être par en bas. La distribution verticale de *N. linguæfolia* parait être la même dans la Sarre que dans le Nord de la France. Malheureusement son extension verticale est assez considérable, puisque cette espèce s'élève dans les Flambants inférieurs. Pour cette raison, elle ne peut servir à elle seule à caractériser l'assise des Charbons gras. Néanmoins, c'est une espèce fort intéressante et non négligeable au point de vue stratigraphique.

LINOPTERIS NEUROPTEROIDES Gutbier

VARIÉTÉ MINOR Potonié

Planches XVI à XVIII

1855. **Dictyopteris neuropteroides.** Gutbier *in* Geinitz *Steinkohlenflora in Sachsen*, p. 23, Pl. 28, fig. 6.

1904. **Linopteris neuropteroides minor.** Potonié *in Abbild u. Beschr. foss. Pflanz.* Livr. II, n° 28.

DIAGNOSE. — *Espèce caractérisée par trois sortes de pinnules :*

1º *Pinnules des pennes secondaires, tournées vers le bas de la fronde, allongées, parfois droites* (fig. 1 *a*, Pl. XVI) *plus souvent faiblement arquées* (fig. 1 et 1 *b*, Pl. XVIII). *Réseau nervuraire à mailles étroites, allongées, d'apparence très serrée.*

2º *Pinnules des pennes secondaires, tournées vers le sommet de la fronde, plus larges, plus trapues, arrondies au sommet et à la base* (Fig. 1 *b* et 3, Pl. XVI ; fig. 2, Pl. XVIII), *rappelant plus ou moins les pinnules de* Lin. sub-Brongniarti.

3º *Pinnules intercalaires, habillant le rachis des pennes primaires, plus courtes que les pinnules normales, décroissant progressivement vers le bas, les plus petites ayant finalement un contour orbiculaire* (fig. 2, Pl. XVII).

Les frondes de *L. neuropteroides* étaient comme celles des espèces précédentes des frondes de grande taille, au moins tripinnées, c'est-à-dire 3 fois divisées. Leur édification générale était la même que celle des *Neuropteris* du groupe du *N. gigantea.* Les fig. 1 et 2, Pl. XVII, et la fig. 1, Pl. XVIII, montrent bien le caractère des Rachivestitées (rachis garnis de pinnules intercalaires plus courtes que les pinnules normales).

Dissymétrie des pennes primaires. — Nous figurons (Pl. XVI à XVIII) deux fragments de frondes, montrant nettement la dissymétrie des pennes primaires : une même penne primaire porte de part et d'autre du rachis R R, des pennes secondaires, garnies de deux formes de pinnules très différentes : la forme *neuropteroides* typique et la forme *sub-Brongniarti.* Cette dissymétrie des pennes primaires est de tous points comparable à celle que nous avons signalée plus haut chez *Neuropteris tenuifolia* et mieux encore chez *N. Scheuchzeri.* C'est donc là un phénomène très général.

Toutefois, sur la belle figure publiée par Potonié en 1904 dans les *Abbild. u. Beschreib.,* n° 28, la penne primaire parait ne présenter aucune dissymétrie sensible. Il nous est impossible d'expliquer cette anomalie apparente.

Dissymétrie des pennes secondaires. — Si on considère une penne secondaire isolément, comme celle de la fig. 1 *a*, Pl. XVI, on voit que les pinnules du côté gauche n'ont pas la même forme que celles du côté droit. Les pinnules, occupant le *côté supérieur* (ici côté droit) de la penne, sont plus massives que celles du côté inférieur.

Relation de Lin. neuropteroides, *variété* minor, *avec* L. sub-Brongniarti Gr. Eury. — Une étude minutieuse des pinnules de ces deux espèces, nous porte à admettre, qu'elles représentent simplement deux variétés régionales d'une même espèce. Le *Lin neuropteroides,* variété *minor,* représente, dans la Sarre et en Lorraine, le *L. sub-Brongniarti* du Nord de la France. D'après nos observations et contrairement à ce que nous avions cru au début de nos recherches, le véritable *L. sub-Brongniarti* Gr. Eury n'existe pas dans la Sarre. Les formes comme celles de la fig. 2, Pl. XVIII, appartiennent en définitive à *L. neuropteroides,* variété *minor.*

Valeur de la variété minor Potonié. — Les pinnules de *Lin. neuropteroides* sont fréquemment très petites. Nous croyons devoir rapporter uniformément à la variété *minor,* toutes les pinnules de taille légèrement supérieure, et dont les fig. 1, Pl. XVI et 1, Pl. XVIII nous donnent une image très exacte.

5

Gisement. — Le *Linopteris neuropteroides,* variété *minor* est une espèce banale, très fréquente sur toute l'épaisseur des couches de Sarrebrück, dans les Flambants comme dans les Gras. Toutefois, elle parait moins fréquente dans la division inférieure des Gras, où elle est remplacée à peu près complètement par la variété *major*.

LINOPTERIS NEUROPTEROIDES Gutbier

VARIÉTÉ MAJOR Potonié

1904. **Linopteris neuropteroides major**. Potonié *in Abbild. u. Beschr. foss. Pflanz.* Livr. II, n° 28.

Diagnose. — *Forme différant de la précédente par ses pinnules nettement plus grandes, souvent arquées.*

Pinnules allongées atteignant facilement 35 millimètres de longueur et même 40 millimètres. Pinnules larges atteignant 12 à 13 millimètres de largeur.

Gisement. — La variété *major* se rencontre seulement dans la division inférieure des Charbons gras. Nous l'avons trouvée assez fréquente, 1° dans le faisceau de Rothell, 2° entre les Tonstein 5 et 4. Elle persiste entre les Tonstein 4 et 3, mais n'a pas été observée au-dessus de ce dernier. Nous considérons en définitive que la variété *major* de *L. neuropteroides* possède une réelle valeur pour caractériser la division inférieure des Charbons gras.

Points où la variété major *a été recueillie.* — Parmi les points où nous avons observé cette variété, nous citerons : la bowette d'Hirschbach à 450 dans le faisceau de Rothell, le sondage de Gross-Rossel à 1.238 mètres, le sondage de Ste Fontaine, au mur du Tonstein 3.

Genre MIXONEURA

Le nom de *Mixoneura* est réservé aux Neuroptéridées, qui présentent des caractères intermédiaires entre les *Neuropteris* et les *Odontopteris*. Ces caractères sont :

1° Pinnules, adhérant solidement au rachis support, au lieu d'être fixées par un seul point comme chez les vrais *Neuropteris :* du point d'insertion, paraissent jaillir plusieurs nervures divergentes (3 nervures), au lieu d'une seule grosse nervure médiane. Ces pinnules sont en outre pourvues à leur base de deux *renflements*, ou lobes, parfois peu marqués (*au*, fig. 1 *b*, Pl. XXII ; fig. 1 *b*. Pl. XXVII) ; on désigne souvent ces lobes sous le nom d'*oreilles*. A ces

2 lobes correspondent 2 groupes de nervures, bien distincts de la nervure médiane, et s'isolant très tôt à la base de la pinnule (voir la pinnule de *M. Deflinei,* fig. 4, p. 41).

2º Présence vers l'extrémité des pennes secondaires de *pinnules odontoptéroïdes* c'est-à-dire de pinnules, adhérant au rachis support par presque toute leur largeur, et à nervures disposées plus au moins parallèlement à la nervure médiane, elle-même très peu marquée (fig. 1 *b*, Pl. XIX ; fig. 1 *a*, Pl. XXVII).

3º *Cyclopteris,* de 3 à 5 centimètres de diamètre, à contour orbiculaire ou triangulaire, mais à bords finement laciniés ; nervures fines, rayonnant du point d'attache.

Remarques. — Les vrais *Neuropteris* ont des *Cyclopteris* souvent de très grande taille, mais à contour entier, nullement découpé (voir Pl. VII). Nous rappelons, que les *Cyclopteris* étaient fixés sur la base du rachis primaire ou peut-être aussi, comme les pennes intercalaires, entre les pennes primaires successives.

Le *Neuropteris obliqua* Brongniart est évidemment une forme de transition entre les *Neuropteris* et les *Mixoneura*. Il offre en effet de grandes ressemblances avec les *Mixoneura*. Certaines pennes secondaires de *N. obliqua* sont en effet pourvues sur une grande partie de leur longueur de pinnules odontoptéroïdes ([1]). Il y a d'ailleurs beaucoup d'analogies entre *N. obliqua* et *Mixoneura sarana*. Mais les *Cyclopteris* de *N. obliqua* ont un contour entier.

Principaux Mixoneura. — Parmi les vrais *Mixoneura*, nous citerons d'abord : *M. ovata* Hoffmann, originaire de Piesberg (Westphalie), et *M. Simoni* P. Bertr. de Liévin (Pas-de-Calais). Ces deux espèces se trouvent dans l'assise de Bruay, elles sont peut-être identiques entre elles. Ce sont des *précurseurs* à petites pinnules.

Nous citerons ensuite : *M. sarana* des Flambants supérieurs de la Sarre ; *M. flexuosa* Grand Eury du Gard et *M. alpina* P. Bertr. de Haute-Savoie. Nous croyons que ces 3 formes ne sont que des variétés régionales d'un même type, qui lui-même représente une *mutation,* issue de *M. ovata* Hoffmann. — *M. sarana,* *M. flexuosa* et *M. alpina* caractérisent l'assise la plus élevée du Westphalien supérieur, où elles se présentent en masse au toit de certaines couches.

Nous avons rencontré dans la Sarre, deux autres formes, qui seront décrites plus loin et que nous considérons comme des espèces autonomes : *M. Deflinei* et *M. Voutersi.*

Nous citerons enfin : *M. neuropteroides* Göppert et *M. subcrenulata* Rost, qui caractérisent le Stéphanien moyen.

([1]) Voir Zeiller, Bassin de Valenciennes, Pl. 48, fig. 1 et 7.

MIXONEURA SARANA P. B.

Pl. XIX à XXI *bis*.

1926. **Mixoneura ovata, var. sarana** P. Bertrand. *Bull. soc. géol. Fr.* 4ᵉ sér. t. XXVI, p. 386.
1904. **Neuropteris obovata** Potonié, in A. Leppla Geol. *Skizze des Saarbr. St. k. gebirges. Festschr. z. IX allgem. deustch. Bergmannstage.*
1904. **Cyclopteris lacerata** Potonié, *ibid.*

Diagnose. — *Pinnules ovales, ou faiblement allongées, à bords parallèles, arrondies au sommet, pourvues à leur base de deux lobes ou renflements, peu marqués, l'un sur le bord supérieur, l'autre sur le bord inférieur. Pinnules adhérant solidement au rachis support.*

Nervure médiane très peu marquée (Pl. XXI, fig. 1 b) ou nulle (Pl. XXI, fig. 1 a). Nervures latérales, deux fois bifurquées, fortement marquées, assez serrées.

Autres caractères. — Cyclopteris *à bords laciniés, à nervation très fine, chez les autres* Mixoneura.

Dimensions des pinnules nettement supérieures à celles du Mixoneura ovata *type d'Hoffmann.*

Remarque. — La présence de lobes (ou renflements) à la base des pinnules normales, l'existence de pinnules odontoptéroïdes vers l'extrémité des pennes secondaires sont les deux meilleurs caractères pour reconnaitre rapidement la présence des *Mixoneura* dans un gisement.

Forme des pinnules. — La forme des pinnules est excessivement variable comme chez toutes les Neuroptéridées. D'une manière générale, chez *M. sarana.* les pinnules sont plutôt larges et empiétantes ; parfois plus allongées (fig. 1 *b*, Pl. XXI ; fig. 1 *b*, Pl. XXII).

Pinnules normales (voir : fig. 1 *a*, Pl. XIX ; fig. 1 et 1 *a*, Pl. XX). — Elles sont à peine deux fois plus longues que larges, pourvues à leur base de deux *légers renflements*, l'un sur leur bord supérieur, l'autre sur leur bord inférieur ; elles sont fixées solidement au rachis ; la région d'insertion est large et non pas réduite à un point, comme chez *Neuropteris tenuifolia.* Un aspect tout à fait typique de ces pinnules nous est donné par la fig. 3, Pl. XX *bis* ; nous avons qualifié cette forme du nom de *subrotunda* ; elle se retrouve dans d'autres *Mixoneura* comme *M. Simoni* et *M. flexuosa* Gr. E.

La forme *subrotunda* se trouve associée aux pinnules plus allongées, parfois sur les mêmes pennes (fig. 4, 4 *a* et 4 *b*, Pl. XX *bis*).

Nervation des pinnules moyennes et basses. — Il y a une nervure médiane, parfois bien visible, mais mince et à peine distincte des nervures latérales. Sur les pinnules courtes (fig. 1 *a*, Pl. XX; fig. 1 *a*, Pl. XXI), la nervure médiane est très réduite ou nulle.

A   B

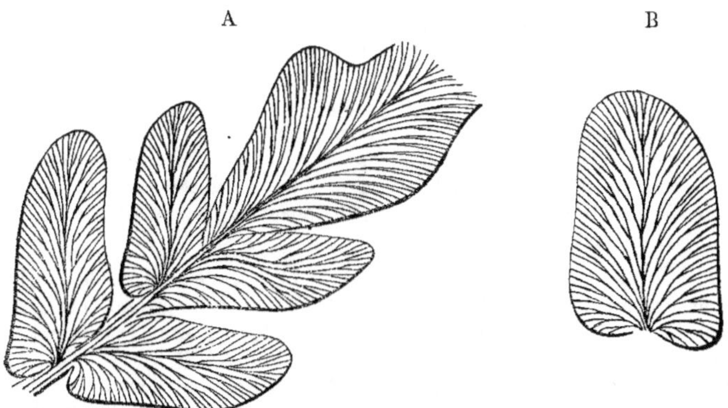

Fig. 3. — *Mixoneura sarana* P. B.
A, extrémité de penne secondaire, montrant la nervation des pinnules odontoptéroïdes
(dessin schématique d'après la fig. 1 *b* Pl. XIX).
B, pinnule normale, montrant les deux légers renflements à la base ; parcours nervuraire très schématisé.
Gr. = 3 environ.

Pinnules odontoptéroïdes. — Vers l'extrémité des pennes secondaires, on observe un certain nombre de pinnules odontoptéroïdes, c'est-à-dire des pinnules, insérées sur le rachis par toute leur largeur, ou à peine rétrécies à leur base. Sur ces pinnules, les nervures latérales courent plus ou moins parallèlement à la nervure médiane, qui est peu apparente ou manque (*o*, fig. 1 *b*, Pl. XIX ; fig. 4 *a* et 4 *b*, Pl. XX*bis*; fig. 1 *b*, Pl. XXI). Certaines pennes intercalaires (fig. 1 *c*, Pl. XX) montrent particulièrement bien les pinnules odontoptéroïdes.

Dissymétrie des pennes primaires. — Sur certaines pennes primaires, on peut observer une dissymétrie nette entre les deux moitiés de la penne : les pennes secondaires, tournées vers la base de la fronde, sont plus fortes et garnies de pinnules plus grandes, que les pennes secondaires tournées vers le haut (voir fig. 1, Pl. XXI).

Dissymétrie des pennes secondaires. — Entre les deux côtés d'une même penne secondaire, il y a aussi une certaine dissymétrie, mais pas aussi nette que celle que nous avons signalée chez *N. tenuifolia* (fig. 4, Pl. XXbis).

Pennes intercalaires. — Un caractère très frappant de notre échantillon type est la présence de nombreuses pennes, analogues aux pennes secondaires, insérées directement sur le rachis primaire dans les intervalles entre les pennes primaires (*i, i*, fig. 1 et 1 *a*, Pl. XIX; fig. 1 et 1 *c*, Pl. XX).

Ces pennes intercalaires sont habituellement pourvues d'une pinnule terminale, de forme rhomboïdale, et de pinnules odontoptéroïdes, *o, o.*

Les pennes intercalaires sont de longueur variable; elle se disposent *en mosaïque* avec les pennes secondaires les plus basses des pennes primaires; les pennes secondaires à leur tour vont en diminuant de longueur à mesure que l'on s'avance dans l'angle d'insertion.

Pinnules basilaires de forme acutifolia. — La pinnule basilaire de la penne secondaire inférieure la plus basse (*ac*, fig. 1, Pl. XX) présente une forme particulière : elle est allongée et aigue au sommet, au lieu d'être arrondie. La pinnule *ac*, est représentée grossie, fig. 1 et 1 *a*, Pl. XXbis. Une autre pinnule basilaire, *ba*, est représentée, fig. 2, Pl. XXbis; elle appartient à une penne intercalaire du même échantillon de *Mixoneura sarana* (voir fig. 1, Pl. XX). On ne peut pas douter que ces pinnules basilaires hétéromorphes rentrent régulièrement dans l'architecture de la fronde de cette espèce.

Autres pinnules cf. Neuropteris acutifolia Sternberg. — On trouve encore associées au *Mixoneura sarana* des pinnules comme celle que nous figurons (fig. 2 et 2 *a*, Pl. XXI). Ces pinnules ressemblent extraordinairement au *Neuropteris acutifolia* Sternb. [1]; elles sont pourvues d'un petit lobe, *au*, à leur base; leur nervation est très serrée. Nous supposons qu'elles appartiennent au *Mixoneura* et qu'elles occupent dans la fronde une position particulière, comme la pinnule basilaire *ac*, de la Pl. XX. La pinnule de la fig. 2, Pl. XXI est d'autre part bien peu différente des pinnules, que nous figurons Pl. XXIbis sous le nom de *Neuropteris triangularis* [2].

---

[1] Sternberg. Ess. Flore monde prim., I. fasc. 4, p, XVI ; II, fasc. 5-6, p. 71.

[2] En ce qui concerne particulièrement la pinnule *acutifolia* de la fig. 2, Pl. XXI, il nous a été impossible de l'identifier au *Neuropteris Scheuchzeri*. C'est pourquoi nous admettons, à titre provisoire, son rattachement au *Mixoneura sarana.*

Cyclopteris. — Des pinnules anormales à contour, orbiculaire ou bien à contour irrégulier plus ou moins triangulaire, à bords finement laciniés, se trouvent souvent mêlées aux débris de *Mixoneura sarana* (fig. 3 et 4, Pl. XXI). Ces pinnules, qui ont été décrites sous les noms de *Cyclopteris fimbriata* Lesquereux, *C. lacerata* Potonié, appartiennent certainement à *M. sarana*. Partout où il y a des *Mixoneura*, dans la Staffordshire, dans le Gard, dans les Alpes, on trouve des *Cyclopteris* analogues, associés avec eux.

Synonymie. — Le *Mixoneura sarana* P. Bertrand a été désigné par Potonié [1] successivement sous les noms de *Neuropteris ovata* Hoffmann et de *N. obovata* Sternb. Ces deux désignations doivent être rejetées.

Rapports et différences. — *M. sarana* se distingue de *M. ovata* par ses pinnules plus grandes et par ses nervures plus fortes. Il faut attendre que le type d'Hoffmann ait été refiguré pour préciser les différences éventuelles de forme des pinnules.

R. Zeiller a confondu *M. sarana* avec *Neuropteris heterophylla* Brongniart. Cette confusion n'est plus possible, dès que l'on tient compte de la forme des pinnules (échancrées en cœur à la base chez *N. heterophylla*) et de leur mode d'attache sur le rachis (pinnules fixées par un seul point chez *N. heterophylla*).

M. sarana se distingue enfin des autres variétés régionales, telles que : *M. flexuosa* Grand Eury, *M. alpina* P. Bertrand, *M. obovata* Sternb., principalement par ses nervures minces, bien détachées, et en général saillantes et très visibles.

GISEMENT. — Le *Mixoneura sarana* foisonne sur toute l'épaisseur des Flambants supérieurs de Sarrebrück. Il se manifeste pour la première fois en abondance au toit de la veine Wohlwert (Petite Rosselle, puits Simon), puis à une dizaine de mètres au-dessus du tonstein 1 (sondage de Laudrefang). Il n'a jamais été observé, jusqu'ici, au-dessus du conglomérat de Holz.

NEUROPTERIS TRIANGULARIS nov. sp.

Fig. 1, 1 *a*, 1 *b* et 2, Pl. XXI bis

(Annexe à *Mixoneura sarana*)

On trouve de temps en temps associés au *Mixoneura sarana* des fragments de pennes comme ceux figurés, fig. 1 et 2, Pl. XXI bis, garnis de grandes pinnules

[1] POTONIÉ *in* LEPPLA, *op. cit.*

triangulaires à bords un peu ondulés ; l'extrémité des pinnules est obtuse et non aigue. Par ailleurs leur nervation est analogue à celle de la pinnule triangulaire, de forme *acutifolia*, figurée Pl. XXI, fig. 2 et 2 *a*. Le fragment de penne des fig. 1 et 1 *b*, Pl. XXI *bis* est particulièrement intéressant ; avec les pinnules triangulaires *a* et *d'*, sont associées des pinnules *b* et *d*, très semblables aux pinnules normales de *M. sarana* et qui appartiennent bien à la même penne.

Il nous parait difficile de considérer ces fragments autrement que comme des pennes ou pinnules détachées de la fronde de *Mixoneura sarana*. Nous supposons que les pennes de *N. triangularis* étaient fixées sur les parties inférieures de la fronde de *M. sarana*. En les décrivant sous un nom particulier, nous avons voulu marquer le doute qui plane sur leur attribution (voir plus loin p. 48).

MIXONEURA DEFLINEI nov. sp.

Pl. XXI *bis*, fig. 3 et 3 *a* ; Pl. XXII et XXIII

DIAGNOSE. — *Pinnules distantes, nettement séparées les unes des autres, et non empiétantes comme chez* M. SARANA, *plutôt allongées, arrondies ou un peu rétrécies au sommet (fig. 3 a, Pl. XXI bis ; fig. 1 a, Pl. XXIII), pourvues à la base d'un petit lobe ou renflement sur leur bord inférieur (au, fig. 1 a, Pl. XXIII) ; lobe nul ou à peine marqué sur le bord supérieur. Pinnules terminales allongées (a, fig. 1 a, Pl. XXII). Extrémités des pennes primaires garnies de pinnules effilées, étroites et de pinnules odontoptéroïdes (g et o, fig. 2, Pl. XXIII).*

Nervures fortement marquées, serrées, à parcours faiblement ondulé : nervure médiane très mince.

La forme des pinnules est très variable ; l'aspect le plus fréquent des pinnules normales nous est présenté par les fig. 3 *a*, Pl. XXI *bis*, 1 *b*, Pl. XXII, et 1 *a* et 1 *b*, Pl. XXIII et par la fig. 4 du texte.

Remarques sur l'échantillon type de l'espèce, fig. 1, Pl. XXII. — L'échantillon type nous montre : 1o à gauche une grande penne primaire *R R,* portant à droite plusieurs pennes secondaires, dont trois sont entières ; 2o à droite le sommet d'une autre penne primaire, *c c.* Ce sommet parait réellement détaché de la penne R R. On peut donc facilement réaliser l'aspect d'une penne primaire complète.

La planche XXIII représente très grossies les parties les plus intéressantes de l'échantillon type. Les fig. 1 *a* et 1 *b* montrent bien les traits caractéristiques des *Mixoneura*. Noter les deux faisceaux nervuraires à la base et de part et d'autre de la nervure médiane, correspondant aux deux renflements, *l.i*, *l.s*, de la pinnule (fig. 4 du texte). Sur la fig. 2, Pl. XXIII, noter les pinnules odontoptéroïdes.

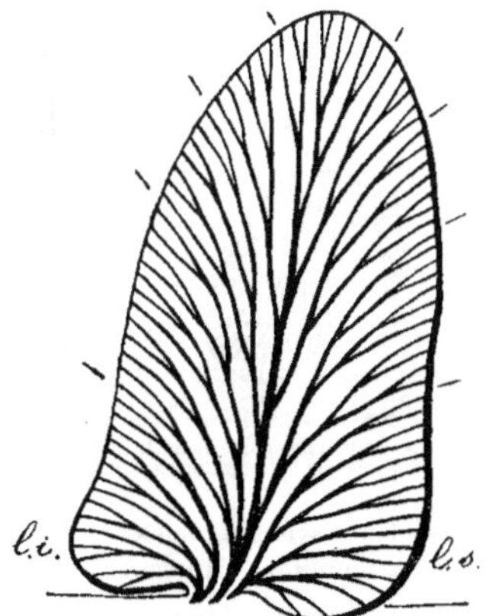

FIG. 4. — *Mixoneura Deflinei* P. B.
Croquis exécuté d'après la fig. 1 *a*, Pl. XXIII, donnant très exactement le parcours nervuraire réel.
On remarquera les deux faisceaux nervuraires alimentant les deux renflements : *l.i, l.s.*

Dissymétrie des pennes secondaires. — La fig. 1 *b*, Pl. XXII, la fig. 3 *a*, Pl. XXI *bis*, montrent que les pennes secondaires portent deux sortes de pinnules : pinnules tournées vers le haut, droites et plutôt larges ; pinnules tournées vers le bas, obliques sur le rachis, plus allongées et rétrécies au sommet. Ces aspects sont caractéristiques.

Pinnules basilaires. — Les pinnules insérées à la base des pennes secondaires affectent des formes spéciales (fig. 5 du texte). Dans la région avoisinant le sommet des pennes primaires, ces pinnules basilaires sont *quadrangulaires :* carrées ou trapézoïdales (*ba*, fig. 1 *c* et 1 *d*, Pl. XXII). Plus bas, les pinnules basilaires sont rectangulaires ; plus bas elles sont *allongées*, ovales, mais rétrécies à leur sommet, qui est plus ou moins aigu (*ba*, fig. 1, Pl. XXIII). On retrouve donc des formes *acutifolia* comme chez *M. sarana* (comparer fig. 1 et 2, Pl. XX *bis*).

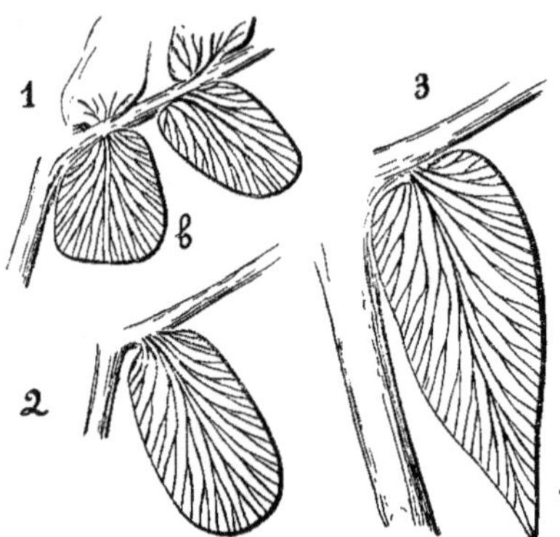

Fig. 5. — *Mixoneura Deflinei* P. B.
Variations de forme de la pinnule basilaire, *b*, du haut en bas de la même penne primaire
(croquis pris sur l'échantillon des Pl. XXII et XXIII).

Pinnules terminales. — Nous avons signalé dans la diagnose la forme effilée des pinnules terminales et des pinnules garnissant l'extrémité des pennes primaires.

Rapports et différences. — *M. Deflinei* se distingue au premier coup d'œil de *M. sarana,* par ses pinnules bien séparées les unes des autres, plus allongées, et plus nervurées que celles de *M. sarana. M. Deflinei* présente une certaine ressemblance avec *Neuropteris obliqua* Brongniart, mais s'en distingue très nettement par ses nervures beaucoup plus serrées. Nous ne pouvons pas discuter ici ses relations avec *Odontopteris britannica* L. et H., ne connaissant pas cette espèce.

Mixoneura Deflinei est une espèce remarquable, parfaitement caractérisée ; nous sommes heureux de la dédier en témoignage de notre gratitude à M. Defline, l'éminent Directeur général des Mines domaniales, qui a été l'instigateur de l'étude d'ensemble géologique et paléontologique du bassin houiller de la Sarre et de la Lorraine.

GISEMENT. — *M. Deflinei* a été récolté au toit de la veine Aspen du siège Victoria. Cette espèce peut être considérée comme localisée dans les Flambants supérieurs.

MIXONEURA VOUTERSI nov. sp.

Planche XXIV

DIAGNOSE. — *Espèce caractérisée par ses pinnules larges et épaisses, parcourues par des nervures très fines et très serrées, peu visibles en raison de l'épaisseur du limbe. Pinnules terminales de grande taille. Il y a en outre des pinnules latérales linguliformes* (fig. 4, Pl. XXIV).

Nous ne possédons que le seul échantillon figuré, fig. 1, Pl. XXIV. Il nous est donc difficile de nous faire une idée de la structure générale de la fronde et d'indiquer la position relative des deux fragments de penne secondaire représentés grossis, fig. 3 et 4.

Le fragment de la fig. 3, provient probablement de la région avoisinant le sommet d'une penne primaire. On remarquera la pinnule terminale très grande et l'aspect odontoptéroïde bien caractérisé des pinnules latérales : ces pinnules sont larges, épaisses et parcourues par des nervures très fines et parallèles ; elles sont pareilles à des pinnules d'*Odontopteris lingulata* Weiss.

Le fragment de la fig. 4, représente probablement la région moyenne ou inférieure d'une penne secondaire ; il parait provenir de la région inférieure d'une penne primaire. Il est possible également que le fragment en question représente une penne primaire simplifiée, provenant de la région apicale de la fronde.

La pinnule détachée de la fig. 5, appartient évidemment à la même espèce.

Pinnules de forme acutifolia. — Associées aux fragments de *Mixoneura Voutersi*, on remarque deux pinnules détachées, analogues au *Neuropteris acutifolia* Sternberg. Il est probable, mais non absolument sûr, que ces pinnules appartiennent au *M. Voutersi* ; elles sont analogues à celles que nous rapportons au *M. sarana* (fig. 2 et 2*a*, Pl. XXI) ; nous avons représenté la meilleure, grossie 3 fois, fig. 2.

Distinction de M. VOUTERSI *d'avec* M. SARANA. — La distinction est immédiate : *M. Voutersi* ayant un limbe épais et des nervures très fines et peu visibles. *M. Voutersi* est donc certainement une espèce différente de *M. sarana*. D'autre part, les caractères des pinnules odontoptéroïdes, et la nature de la nervation sont suffisants pour justifier son inclusion dans le genre *Mixoneura*.

GISEMENT. — Le *Mixoneura Voutersi* a été rencontré au toit de la couche 7, du puits 5, de Merlebach, au voisinage du Tonstein 2 et, par conséquent, à 100 ou 200 m. au-dessous du gisement habituel des *Mixoneura* dans la Sarre. Il y avait donc intérêt à décrire cette espèce, qui doit être d'ailleurs très rare.

Nous la dédions à la mémoire de Pierre Vouters, l'Ingénieur en chef des Mines de Sarre et Moselle, qui fut, hélas ! trop tôt enlevé à l'affection de sa famille et de ses amis et dont chacun a pu apprécier le merveilleux talent d'organisateur et les hautes qualités de cœur et de dévouement.

OBSERVATIONS COMPLÉMENTAIRES SUR LES MIXONEURA

Le genre Mixoneura. — Ce genre est établi sur des caractères précis, que nous avons énoncés, ci-dessus, p. 34. La création du genre *Mixoneura* est justifiée, avant tout, par ses caractères morphologiques, qui en font un type intermédiaire entre les genres *Neuropteris* et *Odontopteris*. Par la forme de leurs pinnules, ces deux genres sont très éloignés l'un de l'autre ; les *Mixoneura* établissent une transition de l'un à l'autre. C'est pourquoi, il ne paraît pas possible de classer une espèce de *Mixoneura* dans l'un des deux genres, *Neuropteris* ou *Odontopteris*, sans négliger de parti pris des caractères fondamentaux : forme des pinnules, nervation ([1]), mode d'attache des pinnules au rachis, présence de pinnules odontoptéroïdes vers l'extrémité des pennes.

L'existence d'une zone à *Mixoneura* de 300 à 600 m. d'épaisseur, constituant le sommet du Westphalien supérieur, est une raison de plus de distinguer nettement les *Mixoneura* des autres Neuroptéridées.

La zone à MIXONEURA *du Westphalien supérieur* ([2]). — On sait que le *Mixoneura sarana* se présente en grande abondance au toit de presque toutes les couches de l'assise des Flambants supérieurs de Sarrebrück, soit : sur 400 à 600 m. d'épaisseur. Au-dessous de la veine Wohlwert, comme au-dessus du conglomérat de Holz, on ne trouve, pour ainsi dire, plus trace de cette espèce. Le *Mixoneura sarana* présente donc une période d'apogée, nettement délimitée et par suite très caractéristique.

Or, le même phénomène a été constaté dans plusieurs bassins houillers d'Europe : bassins du Gard, de Haute-Savoie, de Wettin (au Nord de la Saxe), de Miröschau (Bohême), du Donetz. Dans tous ces bassins, on observe sur une certaine épaisseur un foisonnement extraordinaire des *Mixoneura*, qui manquent à peu près totalement au-dessous et au-dessus de cette zone d'apogée.

[1] Nous soulignerons l'existence de 3 troncs nervuraires à la base de la pinnule de *Mixoneura Deflinei* (fig. 4 du texte), les deux troncs latéraux étant destinés à l'alimentation des deux lobes. Rien de pareil ne s'observe chez les *Neuropteris*.

[2] P. BERTRAND. La zone à *Mixoneura* du Westphalien supérieur. C.-R. Acad. Sc. Paris, t. 181 p. 1349, 20 Décembre 1926.

Les *Mixoneura*, que l'on trouve dans ces différents bassins, sont très voisins du *Mixoneura sarana* ; ils ne lui sont pas identiques. Ils présentent entre eux des différences très légères, difficiles à saisir. Ce sont des *variétés régionales* d'un même type.

Les zones à *Mixoneura* des différents bassins houillers considérés sont évidemment *homotaxiques* : car elles sont partout situées immédiatement sous le Stéphanien inférieur, c'est-à-dire sous l'assise de Rive-de-Gier (= couches d'Ottweiler inférieures). Mais on peut aller plus loin et admettre, sans crainte d'erreur notable, que ces zones sont rigoureusement *synchroniques*. Il parait en effet maintenant très probable, que les différentes variétés régionales homologues de *M. sarana*, ont atteint leur maximum de développement, très sensiblement à la même époque.

Par conséquent, *la zone d'apogée des Mixoneura caractérise partout en Europe, le Westphalien le plus élevé, c'est-à-dire l'assise des Flambants supérieurs de Sarrebrück.*

Types précurseurs. — Il existe dans l'assise de Piesberg (Westphalie), dans l'assise de Bruay (Pas-de-Calais), à 2 ou 300 m. au-dessus du niveau marin d'Aegir-Rimbert, des *Mixoneura* à petites pinnules : *Mixoneura (Neuropteris) ovata* Hoffmann à Piesberg, *M. Simoni* P. Bertrand à Liévin. Ces formes sont d'ailleurs assez rares ; elles sont noyées au milieu des espèces caractéristiques de l'assise de Bruay ([1]) : *N. Scheuchzeri, N. tenuifolia, N. rarinervis, Mariopteris latifolia,* etc.

Il est très probable que *M. ovata* et *M. Simoni* sont des formes ancestrales, des *précurseurs* des formes *à grandes pinnules* du Westphalien supérieur, telles que : *M. sarana, M. flexuosa, M. alpina,* etc.

A défaut du *Mixoneura ovata* Hoffmann, dont nous ne possédons pas d'échantillons, il nous parait utile de décrire et de figurer le *M. Simoni* de Liévin.

Observations sur le Mixoneura Simoni (Planche XXIX). — Cette espèce est caractérisée par ses petites pinnules et par la finesse de sa nervation.

Comme chez les autres espèces, on observe d'assez grandes variations dans la forme des pinnules. La forme la plus habituelle peut-être définie : pinnules

---

([1]) L'assise de Bruay, représentée dans la Sarre et en Lorraine par la division supérieure des Charbons gras, est, stratigraphiquement, à 500 m. au-dessous des Flambants supérieurs.

Voir : P. BERTRAND, Age des Charbons gras de la Sarre. *Ann. Soc. géol. du Nord.* t. LI, p. 381, 1926.

latérales courtes, relativement larges, arrondies au sommet (voir fig. 1 et 1 *a*, 4 et 4 *a*, Pl. XXIX, et fig. 6 du texte). Au lieu d'une nervure médiane unique,

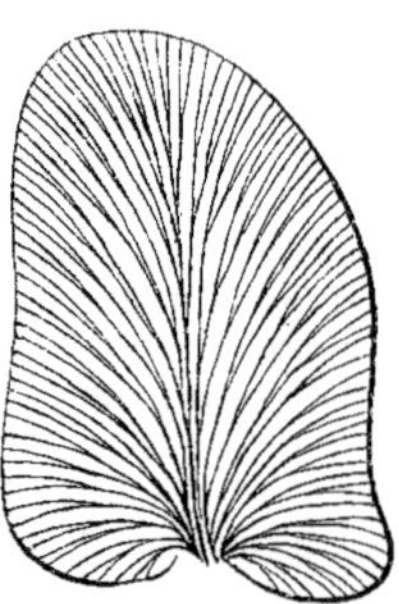

FIG. 6. — *Mixoneura Simoni* P. B. — Pinnule typique, avec les deux renflements à la base. Parcours nervuraire très schématisé, donc pas très exact (comparer fig. 4 *a*, Pl. XXIX).

on voit que c'est *un faisceau de nervures, qui partent de la base de la pinnule.* Ceci est bien visible sur les fig. 3 *b* et 4 *a*. Deux petits lobes : *au* et *ls*, agrémentent la base de chaque pinnule.

Les pinnules latérales, voisines du sommet, deviennent nettement odontoptéroïdes (*o, o*, fig. 1 *a*).

La pinnule terminale est habituellement courte et arrondie au sommet (fig. 1 et 1 *a*, Pl. XXIX). Les fig. 2 et 2 *a* représentent une penne garnie de pinnules latérales plus étroites que les pinnules habituelles ; la pinnule terminale est également modifiée en harmonie avec les pinnules latérales.

Pinnules acuminées. — Enfin, on trouve encore, associés au *Mixoneura Simoni,* des fragments garnis de pinnules plus grandes, comme celui de la fig. 3. La nervation (fig. 3 *a*) de la pinnule acuminée, et la présence d'une pinnule (fig. 3 *b*), semblable aux pinnules normales, ne permettent pas de douter que ces fragments de pennes appartiennent encore au *Mixoneura Simoni.*

Evolution du MIXONEURA OVATA. *Origine des variétés régionales.* — D'après les idées modernes, il semble que, au cours des âges, *M. ovata* Hoffmann ou une forme analogue, à *petites pinnules* (*M. Simoni* par exemple), a évolué et a donné naissance à une *mutation,* que nous appellerons pour plus de commodité : *M. exaltata* P. Bertrand. Celle-ci à son tour, en se propageant avec intensité et en s'adaptant aux conditions locales qu'elle rencontrait, a donné naissance aux variétés régionales : *M. flexuosa* Gr. E. dans le Gard, *M. alpina* P. B. dans les Alpes, *M. sarana* P. B. dans la Sarre, *M. obovata* Sternberg en Bohême.

Ces différentes formes ne sont donc que des *variétés régionales* d'un même type, écloses et multipliées très sensiblement à la même époque. *Elles sont très voisines les unes des autres* et ce n'est que par des photographies, prises sur des exemplaires de choix, que l'on peut manifester les légères différences, qui les séparent.

Nous n'insisterons pas beaucoup sur le *Mixoneura alpina*, qui a fait l'objet d'une publication récente (¹) ; quant au *M. obovata* Sternberg, il devra être figuré à nouveau d'après des échantillons authentiques de Miröschau. Il nous parait intéressant de figurer le *M. flexuosa* du Gard à titre de comparaison avec *M. sarana* (Pl. XXVII).

Distinction sommaire de Mixoneura sarana P. Bertrand, *M. flexuosa* Grand' Eury et *M. alpina* P. Bertrand. — La séparation de ces trois variétés n'a qu'un intérêt purement théorique, puisque l'on n'est pas exposé à les trouver mélangées. Les caractères distinctifs sont très difficiles à saisir et plus difficiles encore à préciser. Nous dirons seulement que :

1º D'une façon générale *M. flexuosa* est une forme plus opulente que *M. sarana,* à pinnules plus grandes ; à nervures plus épaisses et plus serrées, moins visibles que chez *M. sarana. M. sarana* a au contraire des nervures *minces, mais saillantes.*

2º *M. alpina* rappelle davantage le type d'Hoffmann : les pinnules sont relativement petites, les nervures fines. Pourtant les pennes secondaires à grandes pinnules rappellent beaucoup *M. flexuosa.*

On ne peut pas, pour ces distinctions, se baser sur l'allure des pinnules terminales, car dans chaque variété il y a des pennes secondaires à pinnule terminale grande et allongée, et des pennes secondaires à pinnule terminale courte et plus ou moins renflée.

Afin de permettre au lecteur d'apprécier la valeur des variétés étrangères au bassin de la Sarre, nous avons fait exécuter les deux planches XXVII et XXVIII.

Observations sur les Mixoneura du Gard (Planche XXVII). — La planche XXVII, consacrée au *Mixoneura flexuosa* Grand'Eury du Gard, montre que les différences qui séparent cette forme de *M. sarana,* ne sont pas du tout négligeables. L'un des échantillons provient du Ravin d'Alexandre, l'autre du

---

(¹) P. Bertrand. — Les gisements à *Mixoneura* de la région de Saint-Gervais-Chamonix. — *Bull. soc. géol. Fr.,* 4ᵉ sér., t. XXVI, pp. 381-388, Pl. XIX, 1926.

sondage du Sanguinet. Les exemplaires du Ravin d'Alexandre sont plus opulents que ceux des autres gisements du Gard.

On remarquera, fig. 1 *b*, les grandes pinnules, pourvues à leur base des deux renflements, caractéristiques des *Mixoneura* ; des pinnules aussi caractéristiques ne se rencontrent pas toujours chez *M. sarana* ; mais il y en a chez *M. Deflinei* (voir fig. 3 et 3 *a*, Pl. XXI *bis*). On remarquera en outre, fig. 1 *a*, les pinnules à nervation odontoptéroïde, qui sont fixées en deçà de la pinnule terminale. Enfin, les fig. 3 et 4 montrent que les *Cyclopteris* à bords frangés, qui accompagnent les *Mixoneura* du Gard ne diffèrent en rien de ceux, qui accompagnent *M. sarana*.

Les échantillons des figures 1 et 2, Pl. XXVII, appartiennent-ils bien à la même espèce ou à la même variété ? Cette question doit être réservée évidemment à un autre ouvrage, traitant de la flore houillère du Gard. Observons seulement que les pennes de la fig. 2 ne sont pas complètement développées, car les pinnules se recouvrent encore les unes les autres.

Observations sur la planche XXVIII. — Par ailleurs, il nous a paru intéressant de souligner l'étroite parenté, qui existe entre les différentes variétés régionales de *Mixoneura*. Il est possible de trouver des pennes secondaires de *M. sarana*, *M. alpina*, *M. flexuosa*, présentant sensiblement les mêmes formes et les mêmes dimensions (fig. 1, 2 et 3, Pl. XXVIII). C'est dire que la distinction de ces 3 variétés serait très délicate, si elles se rencontraient dans les mêmes lieux.

M. alpina est accompagné de pinnules *acuminées étroites,* qui sont certainement des pinnules basilaires hétéromorphes, analogues aux pinnules basilaires, que nous avons décrites pour *M. sarana* (fig. 1 et 2, Pl. XX*bis*). Nous nous bornons à les signaler sans les figurer.

Relations des Mixoneura *avec les espèces* : Neuropteris triangularis P. B. et N. cf. macrophylla Kidston. — Les *Mixoneura* du type *exaltata* P. Bertr. soulèvent un problème très difficile à résoudre. Aux feuilles de *M. alpina* P. B. et de *M. flexuosa* Gr. E. sont souvent associées des pennes garnies de pinnules triangulaires, parfois aigues, parfois obtuses ou arrondies au sommet (fig. 4 et 5, Pl. XXVIII). Ces pennes et ces pinnules rappellent très vivement : 1⁰ les pennes de *Neuropteris triangularis* P. B., que nous avons trouvées dans la Sarre associées au *Mixoneura sarana* P. B. ; 2⁰ la penne, que R. Kidston a figurée sous le nom de *N. macrophylla* ([1]).

[1] R. Kidston. Foss. Flora of the Radst. ser. *Trans. R. Soc. Edinburgh.* Vol. XXXIII, part. II, 1887, Pl. XXII, fig. 3.

Il y a lieu de se demander, si *N. triangularis* P. B. et *N. cf. macrophylla* Kidston sont bien des espèces autonomes ou si elles représentent simplement de grandes pennes, développées sur les parties inférieures de la fronde des *Mixoneura* ?

Conclusion. — On peut regretter la création de genres nouveaux, dont le moindre inconvénient est de compliquer la nomenclature. Mais, quand il y a à l'emploi d'un terme des nécessités pratiques non douteuses et, par surcroit, quand il doit en résulter une simplification et une précision plus grande, on ne saurait hésiter. Le genre *Mixoneura* a l'avantage de désigner des *Neuropteris* très particuliers et de plus la zone à *Mixoneura* est caractérisée plus rapidement et plus simplement par ce seul terme générique, que s'il fallait faire rentrer dans la désignation de la zone les noms de toutes les variétés régionales, plus ou moins semblables à l'*ovata* d'Hoffmann, mais *d'âge différent*, observées dans les différents bassins houillers.

Genre ODONTOPTERIS

Ce genre, caractérisé par des pinnules, souvent élargies à la base, largement adhérentes au rachis support, et par des nervures à parcours sub-parallèle, avec nervure médiane peu marquée ou nulle, est représenté dans les couches de Sarrebrück par un petit nombre d'espèces, savoir :

O. Reichi, O. Barroisi, O. Peyerimhoffi, O. Jeanpauli.

Nous n'avons jamais observé dans les couches de Sarrebrück : *O. genuina*, ni *O. obtusa*, ni *O. subcrenulata*, ni *O. osmondœformis*, signalés par Potonié.

ODONTOPTERIS REICHI (Gutbier)

1835. **Odontopteris Reichiana** Gutbier. *Abdr. u. Verst. d. Zwich. Schwarzkohl.*, p. 65, Pl. IX, fig. 1 à 3, 5, 7 ; Pl. X, fig. 13.

Nous avons rencontré à diverses reprises des fragments de cette espèce dans les couches les plus élevées des Flambants supérieurs. Cette espèce, si abondante dans le Stéphanien moyen, apparait donc très tôt.

ODONTOPTERIS (Mixoneura) PEYERIMHOFFI, nov. sp.

Planches XXV et XXV *bis*

Diagnose. — *Espèce très voisine d'Odontopteris Reichi, à caractères odontoptéridiens très nets dans toutes les régions supérieures de la fronde: la plupart*

7

des pennes secondaires, garnies de pinnules à bords parallèles, attachées au rachis var toute leur largeur, à nervures fines, disposées comme chez O. Reichi.

Seules les pennes secondaires, insérées vers le bas des pennes primaires, portent des pinnules plus grandes, semblables à celles des Mixoneura, *c'est-à-dire insérées sur le rachis par une partie très rétrécie.*

En somme, chez cette espèce les caractères odontoptéridiens tendent à se généraliser : on les constate sur presque toute l'étendue de la fronde ; il faut examiner les pennes secondaires, insérées vers la base des pennes primaires, pour retrouver des caractères de *Mixoneura*. *O. Peyerimhoffi* est donc en quelque sorte intermédiaire entre les *Mixoneura* et les *Odontopteris*. En toute rigueur, on devrait peut-être classer cette espèce dans le genre *Mixoneura*. Mais son étroite parenté avec *O. Reichi* n'est pas douteuse et justifie, à nos yeux, son classement dans le genre *Odontopteris*.

Observations sur les pinnules basilaires. — Les pinnules insérées à la base des pennes secondaires donnent lieu aux mêmes observations que chez *Mixoneura Deflinei*. Vers le haut des pennes primaires, les pinnules basilaires sont courtes et quadrangulaires (fig. 3, Pl. XXV).

Vers le bas des pennes primaires, les pinnules basilaires s'allongent progressivement ; puis deviennent grandes et ovales (fig. 4, Pl. XXV*bis*).

En somme, la forme et les dimensions de ces pinnules basilaires varient d'une manière continue du haut en bas des pennes primaires.

Rapports et différences. — Cette espèce ne pourrait être confondue qu'avec *Odontopteris Reichi,* dont elle se distingue à première vue par la plus grande variété de forme de ses pinnules. Elle se distingue de même facilement du *Mixoneura sarana,* par ses caractères odontoptéridiens si fortement accusés.

Gisement. — Flambants supérieurs de Sarrebrück. Nous avons observé cette espèce : 1º veine Beust, puits Rudolph ; 2º Bowette sud à l'étage 457 du puits Vuillemin, Pᵗᵉ Rosselle.

ODONTOPTERIS BARROISI nov. sp.
Planches XXVI et XXX

Diagnose. — *Espèce à pinnules triangulaires, très rétrécies au sommet, mais non pointues, obliques sur le rachis ; bord supérieur de la pinnule légèrement concave, d'où un aspect arqué. Nervure médiane assez marquée ; nervures latérales serrées, à parcours très légèrement ondulé.*

Gros rachis fibreux, striés en long.

Aspect du limbe rappelant : O. Reichi *et* O. Brardi.

Pinnules basilaires. — Nous appelons l'attention sur les pinnules basilaires (*ba*, Pl. XXVI et XXX), situées à la base des pennes secondaires et qui sont, comme chez *O. Peyerimhoffi* et chez *Mixoneura Deflinei,* très différentes des pinnules normales. Ces pinnules basilaires s'étalent largement sur le rachis secondaire.

Rapports et différences. — L'*Odontopteris Barroisi* se classe certainement dans le groupe d'*O. Reichi,* il se distingue de cette dernière espèce par ses pinnules plus grandes, souvent un peu arquées. Il se distingue également d'*O. Brardi,* qui a des pinnules beaucoup plus grandes et de forme très différente.

Disposition nervuraire. — Les figures grossies (Pl. XXVI et XXX, et fig. 7 du texte) montrent que la disposition des nervures est nettement différente de celle d'*O. Reichi* et d'*O. Peyerimhoffi.*

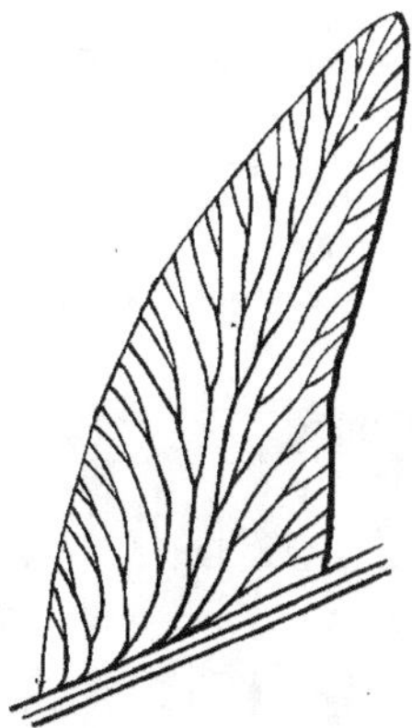

Fıg. 7. — *Odontopteris Barroisi* P. B. — Pinnule montrant la disposition générale des nervures. Croquis exécuté à main levée, d'après la pinnule de la fig. 2, Pl. **XXX.**

Structure du limbe. — L'état de conservation particulièrement bon des pinnules a permis à M. P. Corsin d'obtenir des photographies grossies 15 fois. Les figures 3 et 4, Pl. XXX, montrent les détails de la structure du limbe ; cette structure est encore nettement différente de celle d'*O. Reichi* et d'*O. Peyerimhoffi.*

En résumé, tous les caractères : forme des pinnules, disposition des nervures, structure du limbe, montrent que *O. Barroisi* est bien une espèce nouvelle ; ces caractères permettront de la reconnaître facilement.

Cette espèce est dédiée à mon Maître, M. Charles Barrois, qui depuis plus de vingt ans a orienté toute mon activité vers l'étude des empreintes houillères, et m'a constamment encouragé de ses précieux conseils.

Gisement. — Cette intéressante espèce a été recueillie au toit de la veine B de Ste-Fontaine c'est-à-dire à la tête des Charbons gras. Dans les différents bassins houillers que nous avons explorés, c'est certainement le niveau le plus bas, où nous ayons rencontré le genre *Odontopteris*.

ODONTOPTERIS JEANPAULI nov. sp.

1904. **Odontopteris alpina.** Potonié, *Abb. u. Beschr. foss. Pflanz.* 1904, n° 22, fig. 1.

Cette espèce, décrite par Potonié d'après un échantillon, recueilli sur le terris d'Hostenbach, est certainement différente d'*O. alpina* Sternberg et d'*O. genuina* Gr. E. Elle ressemble beaucoup à l'*O. alpina* de la Saxe, figuré par Geinitz (¹) ; il est possible qu'il y ait identité entre l'espèce de Geinitz et celle de la Sarre. De toutes façons, le nom d'*O. alpina* doit être réservé à l'espèce de Sternberg, qui a une nervation toute différente, et il y a lieu de créer un nom nouveau pour l'espèce de la Sarre. Nous sommes heureux de la dédier à Jean-Paul Christophe.

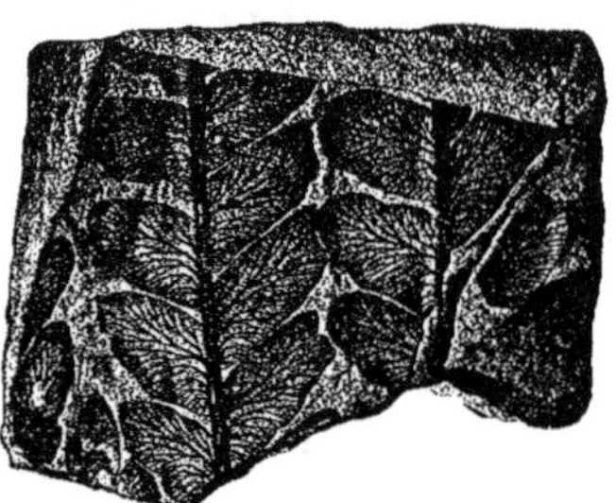

Fig. 8. — *Odontopteris Jeanpauli* P. B. D'après la figure originale de Potonié.

Nous nous bornons à reproduire ici la figure originale de Potonié, nous réservant de revenir sur cette espèce, lorsque nous aurons en mains des échantillons plus complets.

(¹) H. B. Geinitz. Die Verstein d. Steinkohlenflora in Sachsen. 1855, p. 20, Pl. XXVI, fig. 12.

TABLE DES MATIÈRES

CONTENUES DANS LE PRÉSENT FASCICULE

FLORES HOUILLÈRES
DE
LA SARRE & DE LA LORRAINE

1er FASCICULE : NEUROPTÉRIDÉES

PLANCHES I A XXX

Les clichés, qui ont servi à la confection des planches du présent fascicule,
sont dus pour la plupart
à M. P. CORSIN, assistant de paléobotanique à la Faculté des Sciences de Lille

Il y a 4 planches *bis*, savoir : VIII *bis*, XX *bis*, XXI *bis* et XXV *bis*

8

AVERTISSEMENT

AU SUJET DE LA DÉTERMINATION DES « EMPREINTES »
DE FOUGÈRES HOUILLÈRES

L'étude et la description des frondes de Fougères, incluses dans les schistes houillers, exigent que l'on porte attention à l'état de « l'empreinte » que l'on a en mains. On peut poser en règle générale que toutes les pinnules des Fougères houillères sont bombées *en dessus,* et que les bords sont plus ou moins incurvés, *roulés en dessous.*

Dès lors, toute pinnule, ou tout fragment de feuille, peut se présenter sous l'un des 4 états, indiqués ci-après, et que l'on désigne indistinctement sous le nom d'*empreintes.*

A. — Le limbe de la pinnule est conservé et forme une *pellicule charbonneuse,* plus ou moins épaisse, qui recouvre la véritable empreinte B. En réalité l'objet est conservé, et il n'est pas tout à fait correct de lui appliquer le nom d'empreinte. Nous dirons que nous avons un *positif* et nous distinguerons 2 cas :

1° S'il s'agit de la *face inférieure,* la pinnule est *en creux ;* les nervures minces paraissant beaucoup plus minces que sur la contre-empreinte (voir 3°), font saillie à la face inférieure du limbe.

2° S'il s'agit de la *face supérieure,* la pinnule est *bombée ;* les nervures, en général peu visibles, sont noyées dans l'épaisseur du limbe carbonisé ; mais, souvent aussi, les nervures *plus ligneuses* font saillie à la surface du limbe, *plus aminci* et plus réduit.

B. — Il n'y a pas de pellicule charbonneuse à la surface de l'empreinte. — On a un *négatif,* une *empreinte* nue. Nous avons encore 2 cas à distinguer :

3° *Empreinte de la face supérieure* de la pinnule : l'empreinte est *en creux,* c'est-à-dire en forme de cuvette, et les nervures se dessinent *en creux* sur le fond de la cuvette.

4° *Empreinte de la face inférieure :* l'empreinte est *bombée ;* les nervures se dessinent *en creux* à sa surface et paraissent épaisses.

Nous résumerons dans un petit tableau les 4 états possibles de l' « empreinte » considérée :

Pinnule	A. — Limbe conservé carbonisé		B. — Pas de pellicule charbonneuse
en creux, vue par-dessous	Positif de la face inférieure	⇛→	Négatif de la face supérieure
en relief, vue par-dessus	Positif de la face supérieure	⇛→	Négatif de la face inférieure

Remarques. I. — En faisant sauter la pellicule charbonneuse, on passe brusquement du positif de l'une des faces de la pinnule au négatif de la face opposée.

II. — Toutes les fois qu'il s'agit de distinctions spécifiques, tant soit peu délicates, il faut évidemment tenir compte de l'état des objets que l'on veut **comparer**.

III. — Pour la figuration, nous employons de préférence les fragments de frondes, vus par dessous, c'est-à-dire les empreintes en creux, parce qu'elles sont plus photogéniques que les autres ; très souvent aussi, quand on ouvre le schiste, c'est de préférence sur l'empreinte en creux que le limbe carbonisé reste collé. La contre-empreinte, en relief, privée de pellicule charbonneuse, est, en général, moins favorable à la reproduction.

IV. — Par suite d'un phénomène psychique, sur les photographies, les empreintes *en creux* nous font souvent l'impression d'être *en relief*.

V. — Conclusion : pour les diverses raisons exposées ci-dessus, nous avons cru devoir préciser l'état des diverses parties des empreintes figurées, toutes les fois que cela nous a paru réellement utile.

PLANCHE I

NEUROPTERIS TENUIFOLIA Schlotheim

PLANCHE I

NEUROPTERIS TENUIFOLIA Schlotheim

Échantillon de Mellin

Fig. 1. — Fragment d'une fronde de petite taille, réduit aux $\frac{3}{5}$ de la grandeur naturelle. — Ce fragment représente une demi-section de la fronde ; toute la moitié symétrique, située de l'autre côté du rachis primaire R R, manque. Il manque également : le sommet de la section de fronde, les sommets des pennes primaires, et, probablement, des pennes primaires, plus basses que P_5. — L'échantillon est vu par dessous ; mais le limbe carbonisé n'est pas conservé partout.

R R, rachis primaire.

P_1, P_2, ... P_5, cinq pennes primaires bipinnées.

Remarque. — La fronde tout entière comprenait vraisemblablement 2 sections symétriques. Chaque section était tripinnée.

Origine : Mellin, couche 13, banc inférieur 6ᵉ étage.

ASSISE : **Charbons gras.**

NEUROPTERIS TENUIFOLIA Schloth.

PLANCHE II

NEUROPTERIS TENUIFOLIA Schlotheim

PLANCHE II

NEUROPTERIS TENUIFOLIA Schlotheim

Échantillon de Mellin

(Ensemble, Planche I)

Fig. 1. — Les deux pennes primaires, P_2 et P_3, de la planche I. — Gr. nat.

Fig. 2. — La penne primaire P_4 de la planche I. — Gr. nat.

    t. s, pennes secondaires supérieures, représentées grossies Pl. III, fig. 1.

    t. i. pennes secondaires inférieures, représentées grossies Pl. III, fig. 2.

Origine : Mellin, 13ᵉ couche, banc inférieur, 6ᵉ étage.

Assise : **Charbons gras.**

NEUROPTERIS TENUIFOLIA .Schloth.

PLANCHE III

NEUROPTERIS TENUIFOLIA Schlotheim

PLANCHE III

NEUROPTERIS TENUIFOLIA Schlotheim

Échantillon de Mellin

Fig. 1. — 3 pennes secondaires, situées sur le côté droit de la fronde et tournées vers le sommet de celle-ci (voir Pl. I et Pl. II, fig. 2). — Gr = 3.

Remarquer les pinnules terminales, *t. s,* larges et trapues.

Fig. 2. — 3 pennes secondaires, situées sur le côté droit de la fronde et tournées vers la base de celle-ci (voir Pl. I et Pl. II, fig. 2). — Gr =: 3.

Remarquer les pinnules terminales, *t.i,* allongées et acuminées.

N. B. — La fronde est vue par dessous et toutes les pinnules sont en creux ; mais là où les nervures sont le plus visibles, le limbe carbonisé est tombé, et l'on a en réalité l'empreinte de la face supérieure de la pinnule. C'est le cas de la 2ᵉ pinnule terminale de la fig. 1.

Origine : Mellin, Couche 13, banc inférieur (6ᵉ étage).

Assise : **Charbons gras.**

NEUROPTERIS TENUIFOLIA Schloth.

PLANCHE IV

NEUROPTERIS TENUIFOLIA Schlotheim

PLANCHE IV

NEUROPTERIS TENUIFOLIA Schlotheim

Échantillon d'Hirschbach

Fig. 1. — Fragment d'une penne primaire, provenant vraisemblablement d'une fronde
plus robuste que celle de Mellin, figurée Pl. I et II. — Gr. nat.

Le côté gauche de la penne est le côté inférieur, c'est-à-dire celui qui était
tourné vers le bas de la fronde. L'objet est vu par sa face inférieure ;
la pellicule charbonneuse est conservée.

t, t, pinnules terminales incomplètes, mais élargies à la base.

Fig. 1a. — Partie grossie de la fig. 1, avec pinnule basilaire, large, arrondie au sommet
et auriculée à la base. — Gr. = 3.

R R, rachis secondaire, montrant nettement la structure fibreuse.

Fig. 1b. — Les deux pennes secondaires inférieures de gauche de la fig. 1. — Gr. = 3.

R, rachis secondaire fibreux.

t, pinnule terminale, incomplète, élargie et lobée à la base.

Les pinnules latérales sont plutôt courtes et ovales.

Origine : Hirschbach, couche 6.

Assise : **Charbons gras.**

Imp. Tortellier et Cie, Arcueil (Seine)

NEUROPTERIS TENUIFOLIA Schloth.

PLANCHE V

NEUROPTERIS TENUIFOLIA Schlotheim

PLANCHE V

NEUROPTERIS TENUIFOLIA Schlotheim

Échantillon d'Hirschbach

Fɪɢ. 1. — Extrémité d'une penne primaire, garnie de grandes pinnules arquées, étroites,
acuminées au sommet ; vers le bas, pennes secondaires, garnies de
petites pinnules ovales. — Gr. nat.

N.-B. — La penne est vue par sa face supérieure. Le limbe carbonisé est conservé
presque partout, sauf dans le tiers supérieur.

Fɪɢ. 1*a*. — Echantillon de la figure 1, grossi 3 fois.
En *t*, pinnule terminale, détachée du sommet de la même penne ou d'une
autre penne primaire. — Gr. = 3.

Fɪɢ. 1*b*. — Détails de la nervation d'une des grandes pinnules arquées du même
échantillon. — Gr. = 8.

Oʀɪɢɪɴe : Hirschbach, couche 6.

ASSISE : **Charbons gras**.

Imp. Tortellier et Cie. Arcueil (Seine)

NEUROPTERIS TENUIFOLIA Schloth.

PLANCHE VI

NEUROPTERIS TENUIFOLIA Schlotheim

PLANCHE VI

NEUROPTERIS TENUIFOLIA Schlotheim

Échantillon d'Hirschbach

Fɪɢ. 1. — Fragment d'une penne primaire, voisin du sommet, montrant les détails de la
nervation (voir l'ensemble de l'échantillon, fig. 1 et 1a, Pl. V). —
Gr. = 8.

Remarquer les pinnules arquées, allongées et acuminées.

N.-B. — Les pinnules sont vues par leur face supérieure et le limbe carbonisé est
conservé partout.

Fɪɢ. 2 a et 2 b. — Penne secondaire, garnie sur son côté inférieur de pinnules étroites et
arquées assez différentes de celles qui garnissent le côté supérieur. —
Gr. = 3.

Fɪɢ. 3. — Autre penne secondaire, offrant des pinnules plus allongées et plus arquées
que celles des parties de frondes, figurées Pl. II, III et IV. (Une
seconde penne secondaire recouvre la moitié droite de la première).
— Gr. = 3.

RᴇᴍᴀʀQᴜᴇ. — Les pennes secondaires d'Hirschbach, figurées ici, proviennent
vraisemblablement de régions de la fronde, plus basses que la penne
P_8 de la Pl. I.

Oʀɪɢɪɴᴇ : Hirschbach, couche 6.

Aꜱꜱɪꜱᴇ : **Charbons gras.**

NEUROPTERIS TENUIFOLIA Schloth.

PLANCHE VII

———

CYCLOPTERIS DE NEUROPTERIS TENUIFOLIA Schloth.

PLANCHE VII

CYCLOPTERIS DE NEUROPTERIS TENUIFOLIA Schloth.

Fig. 1. — Grand *Cyclopteris* à lobes antérieurs très développés, celui de gauche, caché sous celui de droite. — Légèrement réduit. — Gr. nat.

N.-B. — L'objet est en relief; la pellicule charbonneuse est conservée en grande partie. Le tracé en pointillé blanc permet de suivre le contour des deux lobes.

Origine : Hirschbach. Veine 6, 5ᵉ étage.

Fig. 1a. — Le lobe antérieur de droite grossi pour montrer les détails de la nervation : nervures présentant 3 bifurcations successives, bien distinctes. — Gr. = 2.

Fig. 2. — Fragment de *Cyclopteris,* provenant d'un échantillon évidemment très incomplet.

Autour, fragments de pennes secondaires de *N. tenuifolia.*

Origine : Sainte-Fontaine, Veine N (étage de 451 mètres).

ASSISE : **Charbons gras.**

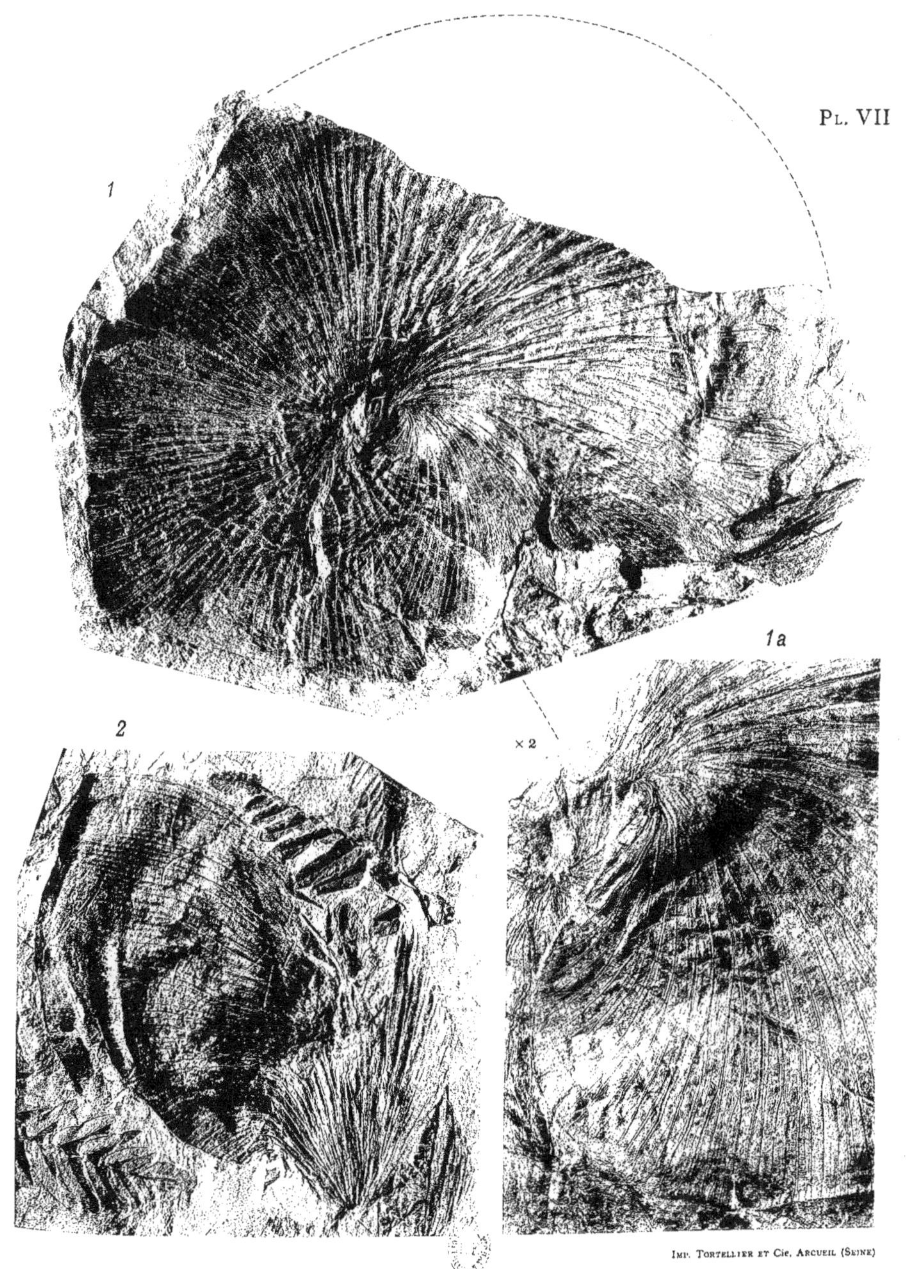

Pʟ. VII

CYCLOPTERIS DE NEUROPTERIS TENUIFOLIA

PLANCHE VIII

NEUROPTERIS NIKOLAUSI (Gothan)

PLANCHE VIII

NEUROPTERIS NIKOLAUSI (Gothan)

(= N. cf. rarinervis ZEILLER).

Échantillon d'Hirschbach

Fig. 1. — Fragment de fronde, provenant d'une région plutôt basse, car les pennes
secondaires sont grandes et garnies de pinnules allongées. — Gr. nat.
C'est une empreinte en creux.

R R., rachis primaire.

i i, pennes intercalaires bipartites, c'est-à-dire composées de deux pennes
secondaires, l'une petite tournée vers le haut, l'autre grande tournée
vers le bas (voir fig. 2, Pl. VIII *bis*).

Fig. 1a. — Extrémités de pennes secondaires grossies, pour montrer la pinnule terminale,
courte et épaisse, et les pinnules latérales allongées. — Gr. = 3.

Fig. 2. — Fragment de fronde, voisin du sommet et montrant 4 pennes primaires
parallèles, appartenant à la région droite de la fronde. — Gr. nat.

P_1, P_2, P_3, P_4, pennes primaires.

La penne, P_1, est garnie à son sommet de grandes pinnules simples,
allongées, qui remplacent les pennes secondaires. L'empreinte est en
relief.

Fig. 2 a. — Deux pennes secondaires de l'échantillon précédent grossies. — Pinnule
terminale courte massive, arrondie au sommet. Pinnules latérales,
voisines du sommet, largement adhérentes au rachis. — Gr. = 3.

ORIGINE : Hirschbach, veine 12 Sud.

ASSISE : **Division inférieure des Gras.** — Espèce très rare, caractéristique des
couches de Rothell.

NEUROPTERIS RARINERVIS (Bunbury) Zeiller

PLANCHE VIII *bis*

———

NEUROPTERIS NIKOLAUSI (Gothan)

PLANCHE VIII *bis*

NEUROPTERIS NIKOLAUSI (Gothan)
(= **N. cf. rarinervis** ZEILLER)

Échantillons de Sainte-Fontaine et d'Hirschbach

FIG. 1. — Penne secondaire, isolée, remarquable par son état de conservation. — Gr. nat.
On a un positif de la face supérieure.

ORIGINE : Sainte-Fontaine, passée au mur du tonstein, situé au mur de la veine T.

FIG. 1a. — Penne secondaire de la fig. 1, grossie 5 fois. — Les pinnules larges et trapues
étaient probablement tournées vers le sommet, les pinnules allongées,
vers la base de la penne primaire, dont cette penne secondaire faisait
partie.

FIG. 1b. — Région inférieure gauche de la penne de la fig. 1, grossie 7 fois. — A gauche,
pinnule trapue, provenant du bord *supérieur* de la penne.

FIG. 2. — Région *i*, du fragment de fronde, représentée, fig. 1, Pl. VIII. — Gr. = 3.
C'est une empreinte en creux = négatif de la face supérieure.

R, R, rachis primaire de la fronde.

en *i*, insertion d'une penne intercalaire bipartite. — La section de la
penne tournée vers le haut est plus petite, celle tournée vers le bas
plus grande et garnie de pinnules plus allongées.

g, penne secondaire, appartenant à une autre partie de la même fronde.

ORIGINE : Hirschbach, veine 12 Sud.

ASSISE : **Charbons gras, série inférieure au Tonstein n° 3.** — Espèce rare
caractéristique des couches de Rothell.

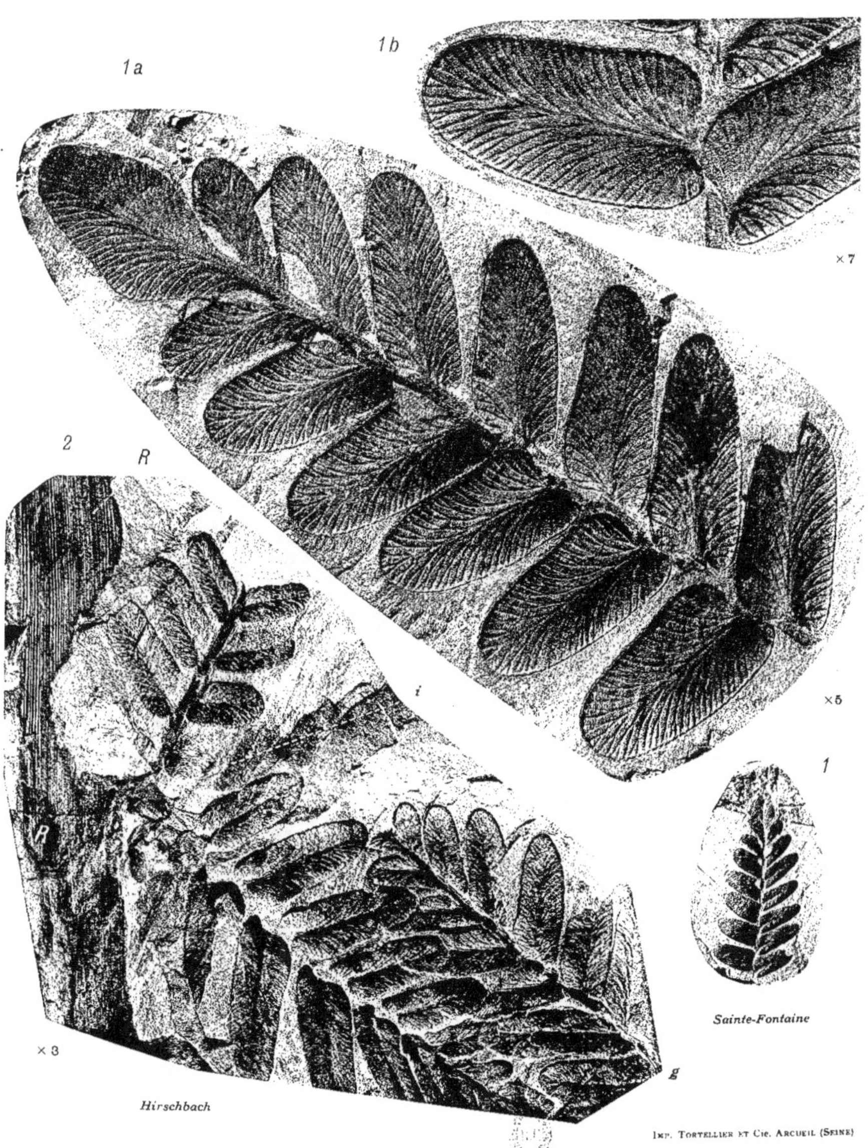

NEUROPTERIS RARINERVIS (BUNBURY) ZEILLER

PLANCHE IX

NEUROPTERIS SCHEUCHZERI Hoffmann

PLANCHE IX

NEUROPTERIS SCHEUCHZERI Hoffmann

Échantillon de Saint-Ingbert

Fig. 1. — Grand échantillon du Musée houiller de Lille. Grande penne primaire, mesurant 1 mètre de longueur sur o m. 5o de large, recueillie par M. Chandesris, Ingénieur en chef des Mines domaniales de la Sarre. Gr. $= \dfrac{3}{7}$.

Remarques. — L'objet étant vu par sa face inférieure, c'est en réalité une penne primaire provenant de la partie *gauche* et plutôt voisine du sommet de la fronde. La pellicule charbonneuse est conservée partout.

Les pennes secondaires de gauche (gauche de l'observateur), *dressées* et insérées à 45° sur le rachis étaient tournées vers le sommet. Les pennes secondaires de droite, étalées et insérées à 6o° sur le gros rachis, étaient tournées vers la base de la fronde.

Origine : Saint-Ingbert, veine 22 (= veine 15 des Gras), à 34o m. environ du travers-bancs principal.

Assise : **Division supérieure des Charbons gras.** — Espèce-guide, caractéristique de toute la partie des Gras, supérieure au tonstein 4.

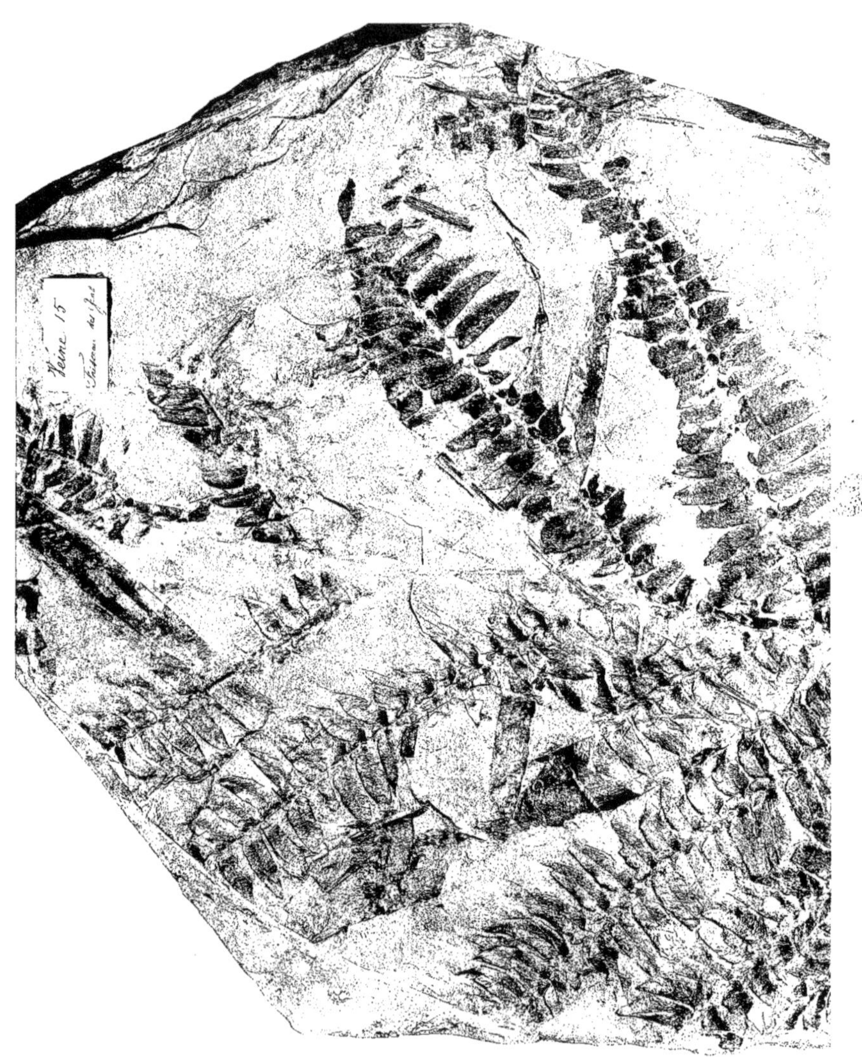

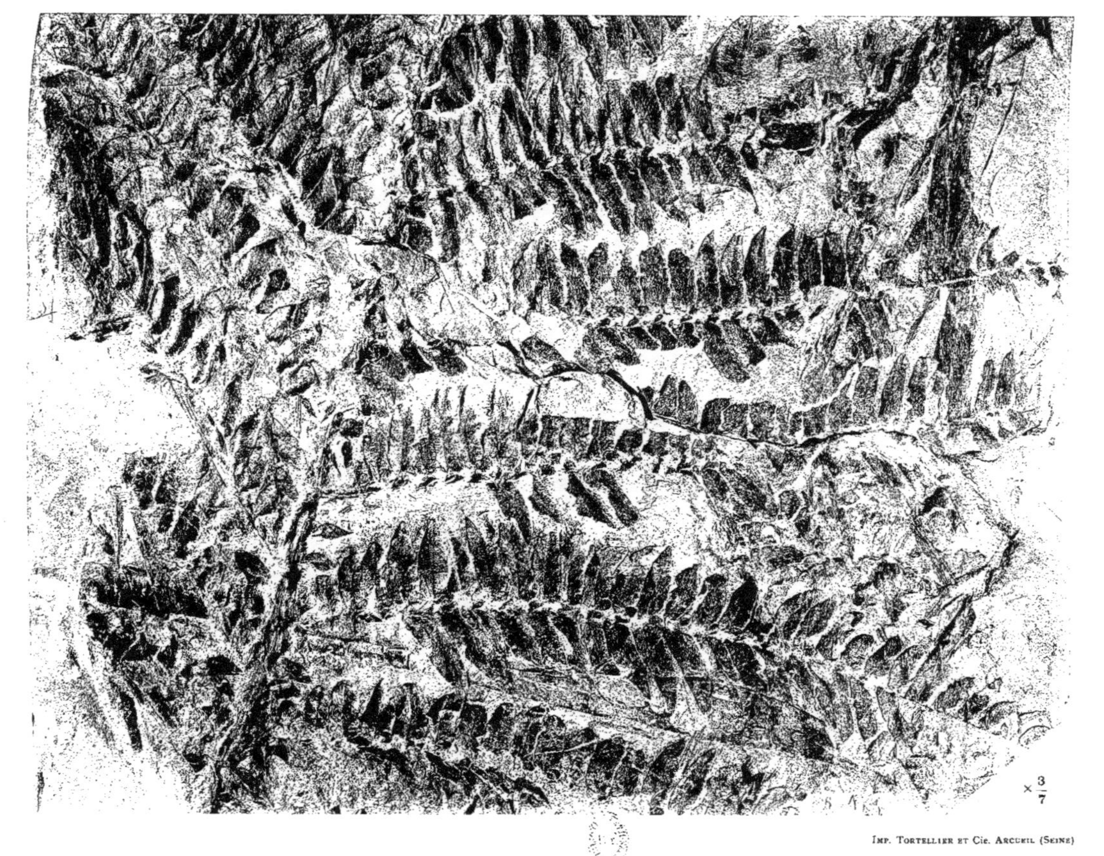

$\times \dfrac{3}{7}$

Imp. Tortellier et Cie. Arcueil (Seine)

NEUROPTERIS SCHEUCHZERI Hoffmann

PLANCHE X

NEUROPTERIS SCHEUCHZERI Hoffmann

PLANCHE X

NEUROPTERIS SCHEUCHZERI Hoffmann

Échantillon de Saint-Ingbert

Fig. 1. — Région centrale gauche de l'échantillon de la planche IX. — Gr. nat.

Remarquer : les pennes secondaires se détachant du rachis, R, sous des angles de
45°, — les pinnules larges et obtuses au sommet, — le rachis
secondaire R, habillé sur toute sa longueur par des pinnules ou par
de petites pennes *trifoliées*, c'est-à-dire à 3 pinnules, la pinnule
médiane et la pinnule inférieure étant souvent plus grandes que la
pinnule supérieure.

Fig. 2. — Penne secondaire de droite du même échantillon, faisant vis-à-vis à la région
représentée fig. 1. — Gr. nat.

Les pinnules, très différentes de celles de gauche sont allongées, étroites
et acuminées.

Fig. 1a. — Contre-empreinte de la région A de la fig. 1, avec pinnules larges et obtuses au
sommet. — Gr. = 3.

au, petit lobe ou *oreille* à la base de chaque pinnule.

p, poils couvrant la face inférieure des pinnules (sillons peu visibles,
parallèles au grand axe de la pinnule).

Origine : Saint-Ingbert, veine 22 (= veine 15 des Gras), à 340 mètres environ du
travers-bancs principal.

Assise : **Division supérieure des Charbons gras.** — Espèce-guide, caractéristique de toute la partie des Gras, supérieure au tonstein 4.

NEUROPTERIS SCHEUCHZERI Hoffmann

NEUROPTERIS SCHEUCHZERI Hoffmann

PLANCHE XI

NEUROPTERIS SCHEUCHZERI Hoffmann

Échantillons de Saint-Ingbert et de Marles.

Fig. 1. — Région A de la fig. 1, Pl. X ; contre-empreinte en relief. — Gr. nat.

R R, rachis.

Fig. 2. — Grandes pennes secondaires ; région inférieure droite de l'échantillon de Saint-Ingbert (voir : Pl. IX). — Gr. nat.

Le rachis, R R, est garni de grandes pinnules intercalaires. simples en apparence ; en réalité ce sont de petites pennes à 3 pinnules, mais les petites pinnules latérales, insérées à la base des grandes pinnules, sont presques toutes tombées.

Les grandes pennes secondaires de droite sont garnies de pinnules, allongées, acuminées et étroites, toutes pourvues d'une *petite oreille* à leur base.

L'empreinte est en creux (= positif de la face inférieure) ; la pellicule charbonneuse est conservée partout.

Fig. 3. — Pinnules grossies de l'échantillon de Marles (voir : fig. 1, Pl. XII), pour montrer les poils, qui couvrent leur face inférieure. — Gr. = 2.

p, poils.

au, petites pinnules, ou *oreilles,* insérées à la base des grandes pinnules. (Il y en a toujours 2 à la base de chaque pinnule, alors que sur les échantillons de la Sarre, il n'y en a qu'une).

ASSISE : **Charbons gras de la Sarre. — Assise de Bruay.**

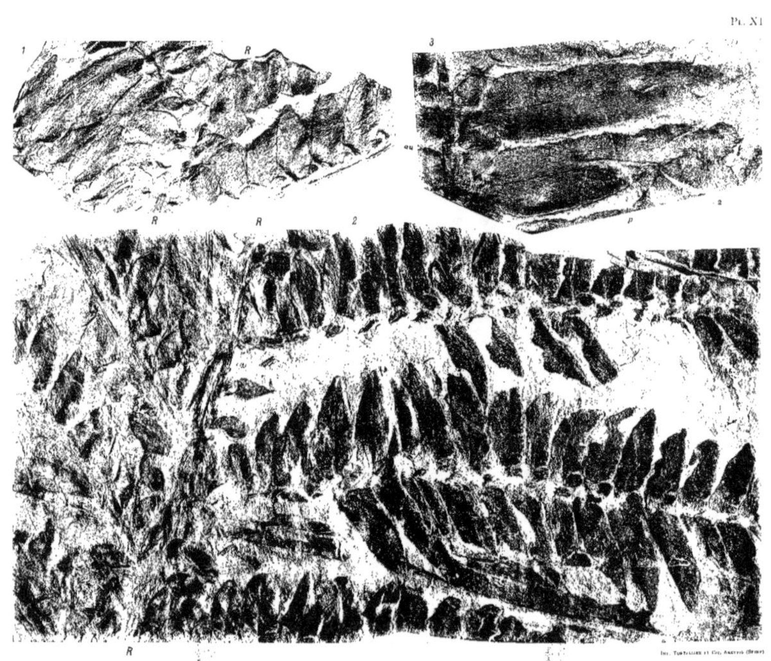

NEUROPTERIS SCHEUCHZERI HOFFMANN

Imp. Thibault et Cie, Anvers (Rhein)

PLANCHE XII

NEUROPTERIS SCHEUCHZERI Hoffmann

PLANCHE XII

NEUROPTERIS SCHEUCHZERI Hoffman

Échantillon de Marles (Pas-de-Calais)

Fɪɢ. 1. — Extrémité d'une penne secondaire, probablement tournée vers le bas de la
fronde, garnie de grandes pinnules allongées et acuminées, et terminées
par deux pinnules inégales, largement adhérentes au rachis support.
— Gr. nat.

Il s'agit d'une grande penne secondaire analogue à celle de la fig. 2,
Pl. XI. Les pinnules étaient couvertes de poils longs et raides, visibles
sur la figure grossie (fig. 3, Pl. XI).

L'empreinte très macérée est vue par sa face inférieure.

Fɪɢ. 1*a*. — Extrémité de la même penne secondaire, grossie 2 fois, pour montrer les deux
pinnules terminales, inégales (caractère des Paripinnées) et leur mode
d'attache sur le rachis.

z, fragments de fronde de *Pecopteris* (*Zeillerai*) *avoldensis* Stur.

Oʀɪɢɪɴᴇ : Marles, veine Valentine, fosse n° 6.

Aꜱꜱɪꜱᴇ : **Assise de Bruay du Nord de la France.**

Imp. Tortellier et Cie. Arcueil (Seine)

NEUROPTERIS SCHEUCHZERI Hoffmann

PLANCHE XIII

NEUROPTERIS LINGUÆNOVA P. B.

PLANCHE XIII

NEUROPTERIS LINGUÆNOVA P. B.

Fɪɢ. 1. — Pinnules détachées, de formes diverses ; les unes arquées (*ar*) rappellent celles de *N. gigantea* Sternb. ; les autres droites (*l*), forme *lingua*, rappellent *N. Schützei* Potonié. — Gr. nat.

Fɪɢ. 1 *a*. — Partie du même échantillon, grossie 2 fois.

    s, pinnule droite, massive, forme *lingua*.

    ar, pinnules arquées, forme *gigantea*.

    Une pinnule couchée horizontalement à gauche de la pinnule *s*, présente la forme *Scheuchzeriana*, rappelant *N. Scheuchzeri*. (Empreinte en creux).

Oʀɪɢɪɴᴇ : Sainte-Fontaine (Moselle), veine W.

ASSISE : **Division supérieure des Charbons gras, sous le tonstein n° 3.**

NEUROPTERIS LINGUÆNOVA nov. sp.

PLANCHE XIV

NEUROPTERIS LINGUÆNOVA P. B.

PLANCHE XIV

NEUROPTERIS LINGUÆNOVA P. B.

Fig. 1. — 3 pinnules arquées, forme rappelant *N. gigantea* Sternb. — Gr. = 2.
Empreinte en creux.

Fig. 2. — 1 pinnule arquée (voir *ar*, fig. 1, Pl. XIII). — Gr. = 2.
Empreinte en creux.

Fig. 3. — 1 grande pinnule droite (voir *s*, fig. 1 *a*, Pl. XIII), montrant bien la nervure
médiane. — Gr. = 3.
Empreinte en creux = positif de la face inférieure.

Fig. 4. — Grande pinnule droite en forme de langue, montrant bien la nervure médiane,
sur les $^2/_3$ de la pinnule au moins (voir *l*, fig. 1, Pl. XIII). —
Gr. = 3.
Empreinte en relief = positif partiel de la face supérieure.

Fig. 5. — 1 pinnule orbiculaire et 1 autre pinnule courte arquée ; toutes deux sont
probablement des pinnules intercalaires, qui étaient fixées sur un
rachis secondaire dans l'intervalle de deux pennes secondaires. —
Gr. = 2.

Origine : Sainte-Fontaine, veine W.

ASSISE : **Division supérieure des Charbons gras, sous le tonstein n° 3.**

Imp. Tortellier et Cie. Arcueil (Seine)

NEUROPTERIS LINGUÆNOVA nov. sp.

PLANCHE XV

NEUROPTERIS LINGUÆFOLIA P. B.

Fig. 1. et 1 *bis*. — Pinnules détachées, en forme de langue. — Gr. nat.
    a, pinnule arquée.

Fig. 1 *a*. — Mêmes pinnules que fig. 1 et 1*bis*, grossies 2 fois.
    (Débris végétaux très macérés, épars dans la vase).

Fig. 2. — Pinnule arquée ; empreinte de la face inférieure. — Gr. nat.

Fig. 2 *a*. — Même pinnule, grossie 3 fois. (= Négatif de la face inférieure).
    L'absence de nervure médiane est apparente.

Fig. 3 et 3 *a*. — 1 pinnule orbiculaire et 1 pinnule droite, grandeur naturelle et grossies
    2 fois.
    o, pinnule orbiculaire.

Fig. 4 et 4 *a*. — Pinnule arquée, grandeur naturelle et grossie 3 fois, vue par la face
    supérieure. — Pas de nervure médiane, si ce n'est tout à fait à la base.

N.-B. — Les fig. 2, 3 et 4 ont été prises sur le même échantillon.

Origine : Sainte-Fontaine (Moselle), Veine J_2.

ASSISE : **Division supérieure des Charbons gras.**

NEUROPTERIS LINGUÆFOLIA nov. sp.

PLANCHE XVI

LINOPTERIS NEUROPTEROIDES Gutbier

PLANCHE XVI

LINOPTERIS NEUROPTEROIDES Gutbier

Variété **minor** Potonié

Échantillons de Petite Rosselle et d'Hirschbach

Fig. 1. — Échantillon de Petite Rosselle. Fragment de fronde présentant deux pennes
primaires parallèles, appartenant au côté gauche de la fronde (= en
réalité côté droit, car l'empreinte est vue par sa face inférieure). —
Gr. nat. — Empreinte en creux, avec pellicule charbonneuse, en
général, conservée.

R R, rachis de la penne primaire la plus élevée.

a, pinnules allongées, appartenant à une penne secondaire tournée vers le
bas (voir fig. 1a).

b, pennes secondaires, tournées vers le haut de la fronde et garnies de
pinnules larges.

N.-B. — D'après la forme des pinnules, on peut affirmer que le sommet de la fronde était
à droite du lecteur et en haut, et que la base était à gauche.

Fig. 1 a. — Pinnules des pennes secondaires, tournées vers le bas. — Gr. = 3.

Les pinnules de droite, appartenant au côté supérieur de la penne secondaire sont plus massives que celles de gauche (= côté inférieur de la
même penne).

Fig. 1 b. — Pinnules des pennes secondaires, tournées vers le haut. — Gr. = 3.

Origine de l'échantillon de la fig. 1 : Petite Rosselle, puits Gargan, veine n° 8.

Assise : Flambants inférieurs, au voisinage du tonstein n° 2.

Fig. 2. — Pinnule détachée, provenant probablement d'une penne secondaire inférieure
(forme *sub-Brongniarti*). — Gr. = 3. — Empreinte en relief.

Fig. 3. — Pinnule détachée, provenant probablement d'une penne secondaire supérieure
(forme *neuropteroides* typique). — Gr. = 3. — Empreinte en relief.

Origine de l'échantillon des fig. 2 et 3 : Hirschbach, 126 m. au mur de la veine 1
du Sud (Charbons gras).

N.-B. — Le *Linopteris neuropteroides minor* Potonié est fréquent sur toute l'épaisseur
des couches de Sarrebrück.

LINOPTERIS NEUROPTEROIDES Gutbier

PLANCHE XVII

LINOPTERIS NEUROPTEROIDES Gutbier

PLANCHE XVII

LINOPTERIS NEUROPTEROIDES Gutbier

Échantillons de Petite Rosselle et de Gross-Rossel

Fig. 1. — **Lin. neuropteroides**, var. **minor** Potonié. — Partie gauche du même
échantillon, que la fig. 1, Pl. XVI. Penne primaire montrant
bien le rachis secondaire R R, garni de pinnules intercalaires.
— Gr. nat.

a a, penne secondaire recourbée, s'insérant sur un autre autre rachis
secondaire, R R, situé à droite (voir fig. 2).

Fig. 2. — Partie du même échantillon = partie de la fig. 1, Pl. XVI, grossie deux fois.

R, rachis secondaire garni de pinnules intercalaires.

a, b, deux pennes secondaires, garnies de pinnules allongées, qui montrent
que le bas de la fronde était à gauche et en bas.

Fig. 3. — Même échantillon. 2 grandes pennes secondaires supérieures, tournées vers
le sommet de la fronde et garnies de pinnules trapues. — Gr. = 2.
— Empreinte en creux.

Origine de l'échantillon des fig. 1, 2 et 3 : Petite Rosselle, puits Gargan, veine n° 8.

Assise : Flambants inférieurs, au voisinage du tonstein n° 2.

Fig. 4. — **L. neuropteroides**, var. **major** Potonié. — Gr. nat.

Fig. 4 *a*. — Même échantillon. — Gr. = 3.

Pinnule détachée, provenant probablement d'une penne secondaire tournée
vers le bas de la fronde.

Origine de l'échantillon des fig. 4 et 4 *a*. : sondage de Gross-Rossel à 1.238 m.

ASSISE : **Division inférieure des Charbons gras.**

N.-B. — Le *Linopteris neuropteroides* Gutbier, var. *minor* Potonié est fréquent sur
toute l'épaisseur des couches de Sarrebrück, mais la variété *major*
parait localisée dans la division inférieure des Gras.

LINOPTERIS NEUROPTEROIDES GUTBIER

PLANCHE XVIII

LINOPTERIS NEUROPTEROIDES Gutbier

PLANCHE XVIII

LINOPTERIS NEUROPTEROIDES Gutbier

Variété **minor** Potonié

Échantillons de Jägersfreude et de Merlebach

Fig. 1. — Fragment d'une penne primaire, vue par sa face inférieure et orientée
normalement. Les pennes *a* à larges pinnules sont tournées vers le
sommet, les pennes *b* à pinnules allongées sont tournées vers le bas
de la fronde. — Gr. nat. — Empreinte en creux.

R R, rachis secondaire garni de pinnules intercalaires.

Fig. 1 *a*. — Pinnules des pennes secondaires supérieures, grossies 3 fois.

Fig. 1 *b*. — Pinnules des pennes secondaires inférieures, grossies 3 fois.

Origine : Jägersfreude, bowette oblique du Mittelfeld, à 120 mètres au toit de la
veine 1.

Assise : Division inférieure des charbons gras.

Fig. 2. — *Linopteris* forme *sub-Brongniarti*, pinnules détachées, appartenant en réalité à
Linopteris neuropteroides. — Gr. = 3.

N.-B. — La comparaison des fig. 1 *a* et 2 démontre, croyons-nous, qu'il y a bien
identité spécifique des pinnules détachées avec *L. neuropteroides minor*.

Origine : Merlebach, puits 5, veine n° 8.

Assise : Flambants inférieurs (non loin du toustein n° 2).

N.-B. — Le *Linopteris neuropteroides* |minor Potonié est fréquent sur toute l'épaisseur
des couches de Sarrebrück.

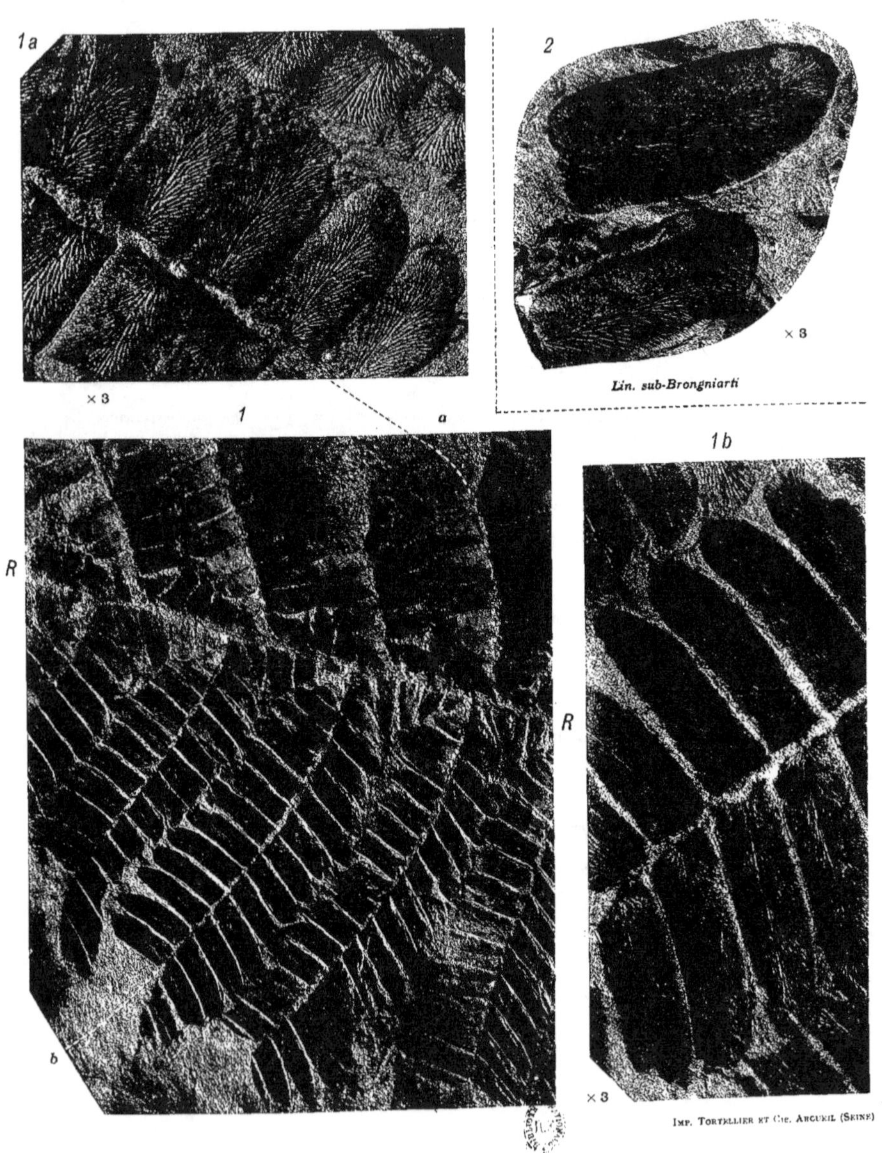

LINOPTERIS NEUROPTEROIDES GUTBIER

PLANCHE XIX

———

MIXONEURA SARANA P. B.

PLANCHE XIX

MIXONEURA SARANA P. B.

Echantillon de la Houve.

Fig. 1. — Fragment de fronde, comprenant deux grandes pennes primaires : *g* et *a*, alternant de part et d'autre du rachis primaire, R R, et de nombreuses pennes intercalaires. Ce fragment représente évidemment la région moyenne d'une grande section de fronde. — Réduit aux trois quarts de la grandeur naturelle.

 R R, rachis primaire.

 g, penne primaire de gauche.

 d, penne primaire de droite.

 b, penne secondaire. représentée grossie, fig. 1 *b*.

 i, i, pennes intercalaires.

 ac, pinnule aigue au sommet (forme *acutifolia*).

Fig. 1 *a*. — Partie droite du même échantillon, en grandeur naturelle.

 R R, rachis primaire.

 d, penne primaire, garnie de pennes secondaires.

 i, i, pennes intercalaires, fixées sur le rachis primaire, dans l'intervalle entre deux pennes primaires.

Fig. 1 *b*. — Penne secondaire du même échantillon, grossie 5 fois, montrant la nervation de la pinnule terminale et des pinnules odontoptéroïdes, *o, o*.

Remarque : La fronde est vue par sa face inférieure et les pinnules sont en creux.

Origine : La Houve, veine Pierre.

Assise : **Flambants supérieurs.** — Espèce-guide, la plus caractéristique des Flambants supérieurs.

MIXONEURA SARANA

PLANCHE XX

MIXONEURA SARANA P. B.

PLANCHE XX

MIXONEURA SARANA P. B.

Echantillon de la Houve

Fig. 1. — Région gauche de l'échantillon de la fig. 1, Pl. XIX en grandeur naturelle, montrant la base d'une grande penne primaire.

R R, rachis primaire.

b, pennes secondaires, de tailles progressivement décroissantes vers l'intérieur de l'angle d'insertion de la penne primaire.

a, pennes secondaires, tournées vers le bas de la fronde et alternant avec les pennes *b*.

i, i, pennes intercalaires, de tailles décroissantes vers l'angle d'insertion de la penne primaire.

ac, pinnule de la forme *acutifolia*, insérée à la base d'une penne secondaire dans l'angle d'insertion de la penne primaire.

Fig. 1 *a*. — Penne secondaire de la fig. 1, grossie 3 fois, pour montrer la forme et la nervation des pinnules.

Fig. 1 *b*. — Deux pennes secondaires de la fig. 1, région *b*, grossie 3 fois, pour montrer les pinnules terminales et latérales de l'extrémité des pennes.

Fig. 1 *c*. — Penne intercalaire de la fig. 1, grossie 3 fois. Remarquer la pinnule terminale rhomboïdale et les pinnules latérales odontoptéroïdes, *o, o*.

Origine : La Houve, veine Pierre.

Assise : **Flambants supérieurs.** — Espèce la plus caractéristique des Flambants supérieurs, où elle abonde dans presque tous les toits.

Remarque. — La fronde est vue par sa face inférieure et les pinnules sont *en creux*.

MIXONEURA SARANA nov. sp.

PLANCHE XX *bis*

———

MIXONEURA SARANA P. B.

PLANCHE XX *bis*

MIXONEURA SARANA P. B.

Echantillons de la Houve

FIG. 1. — Pinnule basilaire, allongée et acuminée, appartenant au fragment de fronde
des planches XIX et XX. Voir : *ac*, fig. 1, Pl. XX. — Gr. = 3.

FIG. 1 *a*. — Même pinnule que fig. 1, grossie 5 fois (forme *acutifolia*).

FIG. 2. — Autre pinnule basilaire, acuminée, visible également sur les fig. 1 et 1 *a*,
Pl. XIX et sur la fig. 1, Pl. XX. — Gr. = 3.

ba, pinnule basilaire, ovale, acuminée au sommet.

ORIGINE de l'échantillon des fig. 1. 1 *a* et 2 : La Houve, veine Pierre.

FIG. 3. — Deux pinnules typiques, présentant la forme *subrotunda*. — Gr. = 5.

ORIGINE : La Houve, veine Théodore.

FIG. 4. — Deux pennes secondaires, conservées dans la sidérose. — Gr. nat.

Cet échantillon est intéressant, parce qu'il montre : en haut l'empreinte
de la face inférieure des pinnules, en bas l'aspect de cette même face
inférieure, quand le limbe carbonisé et conservé (voir *p*, fig. 4 *a*).

ORIGINE : La Houve, veine Pierre.

FIG. 4*a*. — Même échantillon que fig. 4. — Gr. = 3.

En haut, pinnules allongées, odontoptéroïdes, montrant particulièrement
bien leur nervation. En *p*, pinnules larges, à limbe épais carbonisé,
offrant l'aspect le plus habituel des empreintes de *Mixoneura sarana*.
— Les pinnules *p*, à limbe carbonisé sont vues *par dessous* et *en
creux ;* leurs nervures sont saillantes à la surface du limbe.

FIG. 4 *b*. — Pinnules odontoptéroïdes, du même échantillon que fig. 4. Empreinte *en
relief* de la face inférieure des pinnules ; nervures en creux dans la
sidérose. — Gr. = 7,5.

ASSISE : **Flambants supérieurs de Sarrebrück.** — Espèce-guide la plus
caractéristique des Flambants supérieurs.

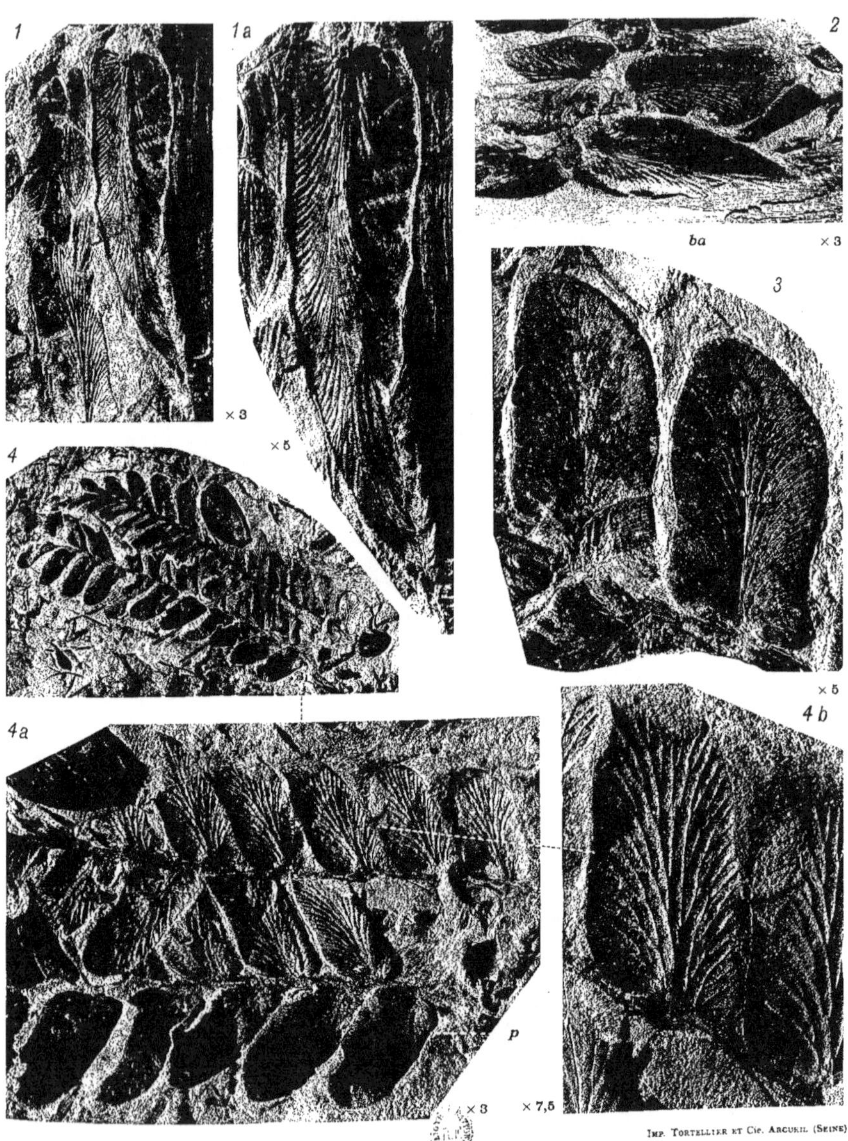

MIXONEURA SARANA.

PLANCHE XXI

MIXONEURA SARANA P. B.

PLANCHE XXI

MIXONEURA SARANA P. B.

Echantillons de Steinbesch et de la Houve

FIG. 1. — Région d'une penne primaire, voisine de sa base, car la penne secondaire
inférieure gauche, *p*, est nettement plus courte que les autres.
Empreinte vue par sa face inférieure, avec pellicule charbonneuse
conservée. — Gr. nat.

ac, pinnule basilaire de forme *acutifolia*.

N.-B. — Les pennes secondaires inférieures sont nettement plus robustes et pourvues de
pinnules un peu plus grandes que les pennes supérieures.

FIG. 1 *a*. — Penne secondaire supérieure du même échantillon grossie 3 fois, montrant
les pinnules ovales, empiétant les unes sur les autres, solidement
attachées au rachis, les nervures multiples jaillissant du point
d'insertion, l'absence de nervure médiane caractérisée.

FIG. 1 *b*. — Penne secondaire inférieure du même échantillon, garnie de pinnules plus
allongées, que celles de la fig. 1 *a*. Nervure médiane difficile à voir,
mais en tout cas plus nette que sur la fig. 1 *a*. Nervures latérales
serrées, 2 fois bifurquées. — Gr. = 3.

FIG. 2. — **Neuropteris** *cf.* **acutifolia** Sternb.— Pinnule détachée, appartenant probablement au *Mixoneura sarana*. Cette pinnule se trouve d'ailleurs
au dos de l'échantillon de la fig. 1. — Gr. nat.

FIG. 2 *a*. — Même pinnule, grossie 3 fois. (= positif de la face inférieure).

au, petit lobe ou oreille basilaire.

ORIGINE DE L'ÉCHANTILLON DES FIG. 1 ET 2 : Sondage de Steinbesch à 777 mètres
de profondeur.

FIG. 3 et 4. — *Cyclopteris*, appartenant certainement au *Mixoneura sarana*. — Gr. nat.

c, région d'insertion.

ORIGINE DE L'ÉCHANTILLON DES FIG. 3 ET 4 : La Houve, veine Pierre.

ASSISE : **Flambants supérieurs.** — Espèce caractéristique par excellence des
Flambants supérieurs.

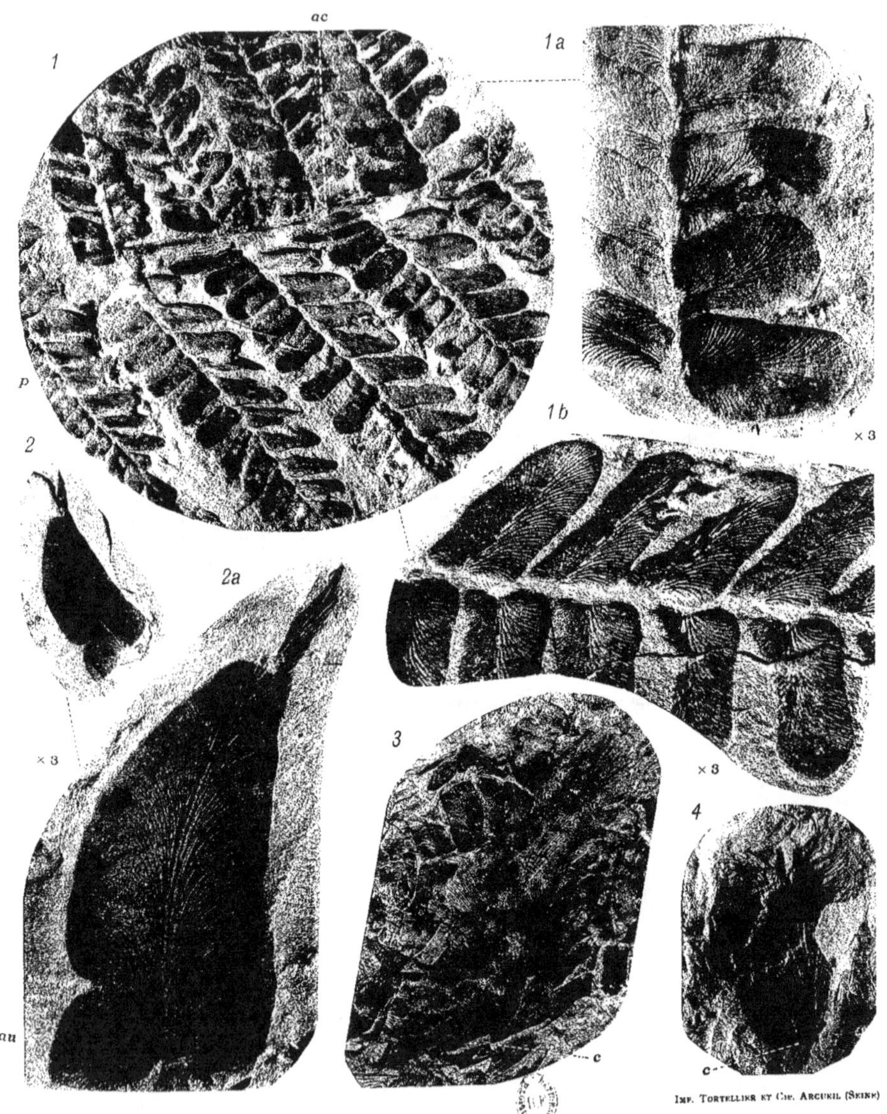

MIXONEURA SARANA

Imp. Tortellier et Cie. Arcueil (Seine)

PLANCHE XXI *bis*

NEUROPTERIS TRIANGULARIS P. B.
MIXONEURA DEFLINEI P. B.

Fig. 1. — **Neuropteris triangularis** P. B. — Fragment de penne, garnie de 6 grandes
pinnules : 4 à droite : *a, b, c,* et *d,* et 2 à gauche, *a'* et *d'*. Il manque
donc 2 pinnules de gauche, *b'* et *c',* qui sont tombées. Toutes les
pinnules sont vues par leur face inférieure, à l'exception de la pinnule
c, qui est retournée et montre sa face supérieure. — Gr. nat.

R R, rachis de la penne.

Origine : La Houve, veine Pierre.

Fig. 1 *a*. — **Neuropteris triangularis** P. B. — Pinnule *a* de la fig. 1. grossie 3 fois.

Fig. 1 *b*. — **Neuropteris triangularis** P. B. — Pinnules *c, d* et *d'* de la fig. 1,
grossies 2 fois.
Remarquer la ressemblance de la pinnule *c,* avec les pinnules de forme
subrotunda du *Mixoneura sarana* (fig. 3, Pl. XX*bis*).

Fig. 2. — **Neuropteris triangularis** P. B. — Autre fragment de penne, garni de
grandes pinnules. — Gr. nat.

Origine : La Houve, veine Pierre.

Fig. 2 *a*. — **Neuropteris triangularis** P. B. — Même échantillon, que fig. 2, grossi
3 fois. — Deux grandes pinnules triangulaires, à bords ondulés ;
en *i,* base d'une pinnule, symétrique des précédentes.

N.-B. — Les pennes de *Neuropteris triangularis* appartiennent très probablement au
Mixoneura sarana. Elles devaient avoir leur place dans les régions
inférieures de la fronde.

Fig. 3. — **Mixoneura Deflinei** P. B. — Penne secondaire, garnie de grandes pinnules.
— Gr. nat.

Origine : Fosse Victoria, veine Aspen à 85 mètres de profondeur.

Fig. 3 *a*. — **Mixoneura Deflinei** P. B. — Même échantillon que fig. 3, grossi 3 fois.
— Les grandes pinnules offrent la forme et la nervation caractéristiques du genre *Mixoneura.*

au, lobe inférieur ou oreille.

ASSISE : **Flambants supérieurs de Sarrebrück.**

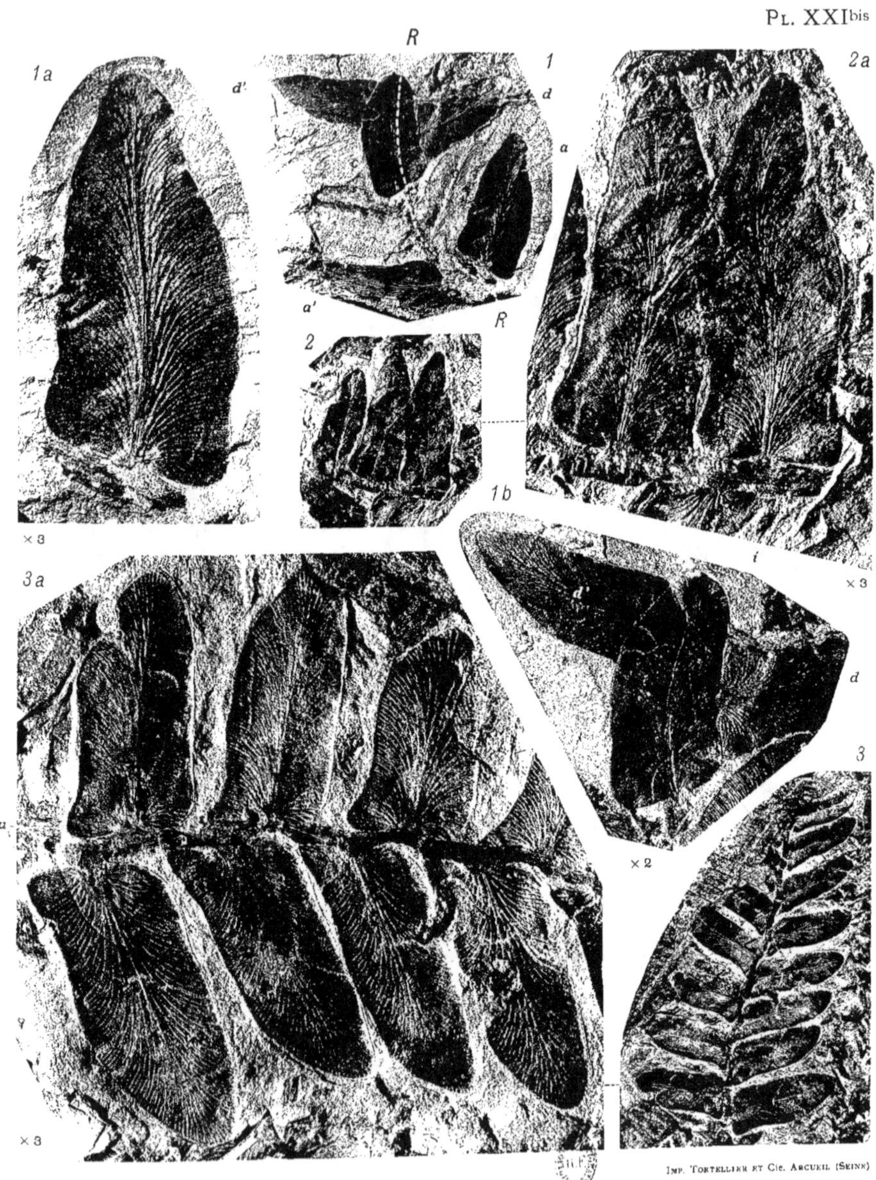

NEUROPTERIS TRIANGULARIS — MIXONEURA DEFLINEI.

PLANCHE XXII

MIXONEURA DEFLINEI P. B.

PLANCHE XXII

MIXONEURA DEFLINEI P. B.

Fig. 1. — Ensemble de l'échantillon type comprenant deux pennes primaires incomplètes :
RR et *cc*. Empreinte vue par sa face inférieure. — Gr. nat.

R R, rachis de la grande penne primaire de gauche, portant en haut et à
droite 6 pennes secondaires, dont 3 complètes (*a*) ou presque
complètes.

a, penne secondaire, dont le sommet est représenté grossi fig. 1 *a*.

b, base d'une autre penne secondaire, représentée grossie fig. 1 *b*.

c c, fragment d'une penne primaire, (région apicale), représentée grossie
fig. 1 *c*. — Ce fragment paraît détaché du sommet du rachis R.

Fig. 1 *a*. — Extrémité d'une penne secondaire du même échantillon, montrant la
pinnule terminale effilée, les pinnules latérales à insertion odontoptéroïde, *o, o*, et les pinnules suivantes plus ou moins obliques sur le
rachis. — Gr. = 3.

Fig. 1 *b*. — Fragment d'une penne secondaire, grossi 3 fois, montrant la forme caractéristique des pinnules, avec leur petit renflement inférieur, *au*.

Fig. 1 *c*. — Sommet d'une penne primaire (*c c*, fig. 1), montrant les grandes pinnules
allongées du sommet et les pinnules basilaires quadrangulaires, *ba*.
— Gr. = 2.

Fig. 1 *d*. — Région de la fig. 1 *c*, grossie 5 fois ¹/₂ pour montrer les pinnules basilaires
quadrangulaires, *ba*.

Origine : Siège Victoria, Veine Aspen.

Assise : **Flambants supérieurs.**

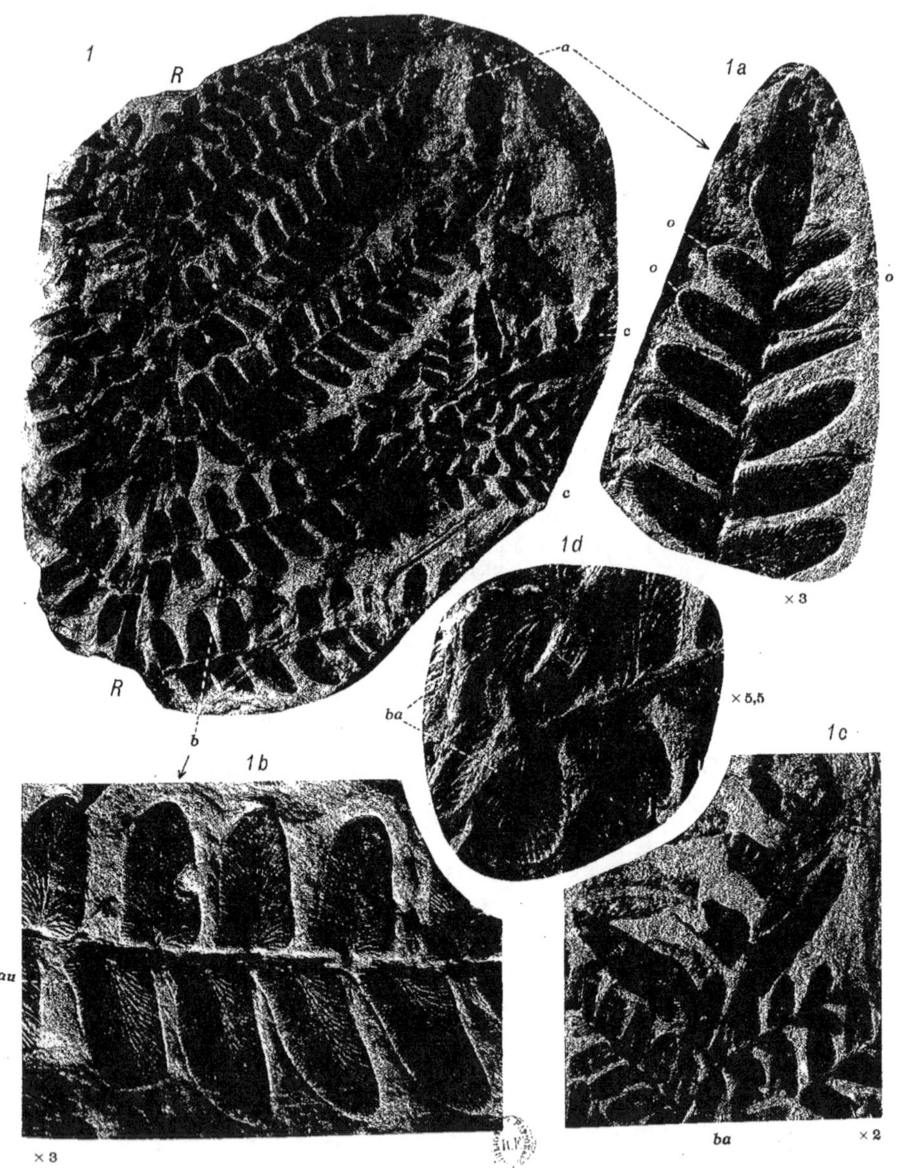

MIXONEURA DEFLINEI nov. sp.

PLANCHE XXIII

MIXONEURA DEFLINEI P. B.

Fɪɢ. 1. — Région centrale de la grande penne primaire de la fig. 1 Pl. XXII, grossie
3 fois. Empreinte en creux.

R, rachis de la penne primaire (= rachis secondaire).

ba, ba, pinnules basilaires (c'est-à-dire insérées à *la base* des pennes
secondaires) acuminées.

a, région représentée, grossie, fig. 1 *a.*

b, penne secondaire, qui porte sur son prolongement la pinnule,
représentée grossie fig. 1 *b.*

Fɪɢ. 1 *a.* — Pinnules latéro-supérieures, provenant de la penne secondaire *a,* fig. 1. —
Ces pinnules sont larges, pourvues à leur base d'un petit renflement
ou oreille, *au.* — Gr. = 6 ou légèrement supérieur à 6.

Fɪɢ. 1 *b.* — Pinnule latéro-inférieure, provenant de la penne secondaire, *b,* fig. 1, mais
non visible sur la fig. 1, Pl. XXIII. — Cette pinnule est la 5ᵉ à
partir de la base de la penne secondaire (voir : *b,* fig. 1, Pl. XXII).
Elle est tournée vers le bas ; elle est plus allongée et plus oblique
que les pinnules tournées vers le sommet de la penne primaire
(Comparer les fig. 1 *a* et 1 *b*). — Gr. = 6 ou légèrement supérieur à 6.

Fɪɢ. 2. — Région très voisine du sommet d'une penne primaire (voir fig. 1 et 1 *c,*
P] XXII). — Gr. = 5.

q, grande pinnule latérale allongée.

o, o, pinnules odontoptéroïdes.

Oʀɪɢɪɴᴇ : Siège Victoria, veine Aspen.

ASSISE : **Flambants supérieurs.**

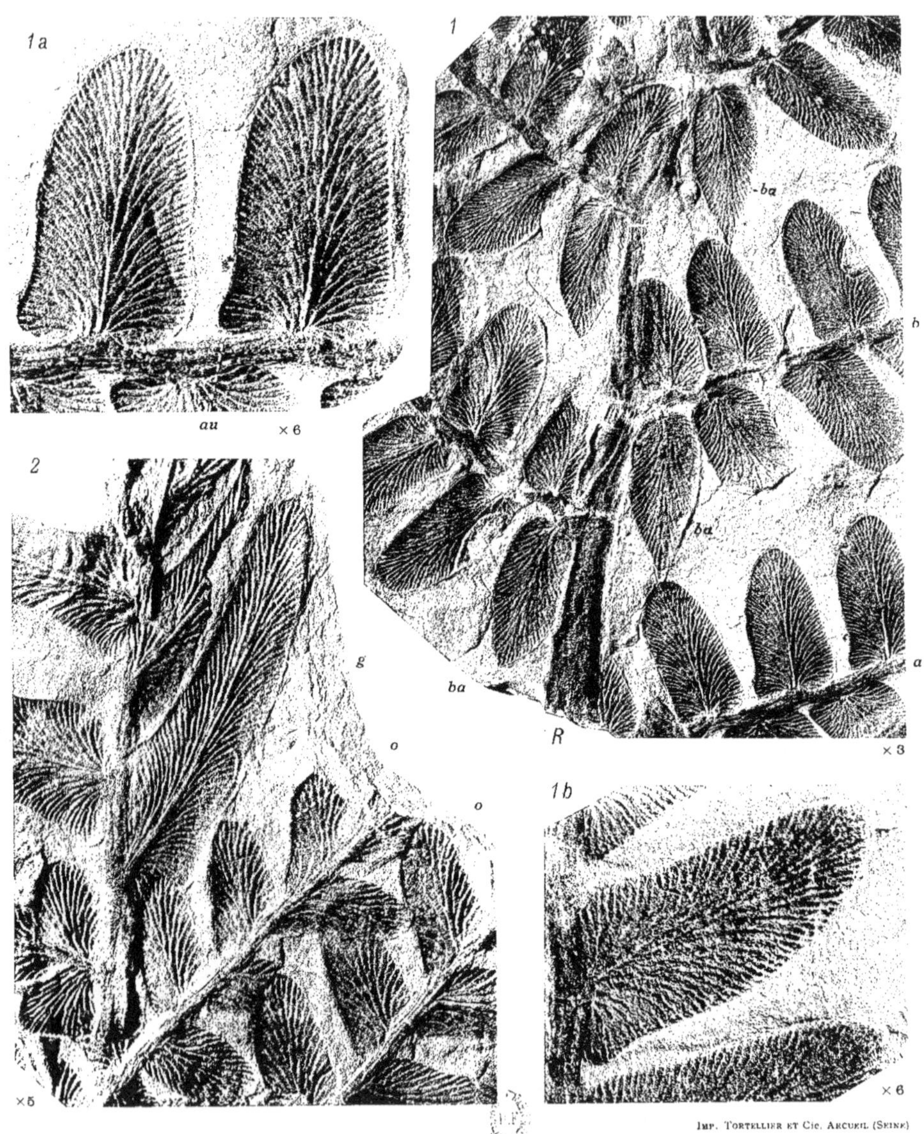

Imp. Tortellier et Cie. Arcueil (Seine)

MIXONEURA DEFLINEI nov. sp.

PLANCHE XXIV

MIXONEURA VOUTERSI P. B.

PLANCHE XXIV

MIXONEURA VOUTERSI P. B.

Fɪɢ. 1. — Échantillon type, en grandeur naturelle. Empreinte en relief.

    a, pinnule détachée, offrant la forme *acutifolia.*

    b, extrémité d'une penne secondaire, représentée grossie fig. 3.

    c, pinnule latérale détachée, représentée grossie fig. 5.

Fɪɢ. 2. — Pinnule détachée, offrant la forme *acutifolia* Sternberg. — Gr. = 3.

Fɪɢ. 3. — Sommet d'une penne secondaire, grossie 3 fois, montrant la pinnule terminale, épaisse et allongée, et les pinnules latérales odontoptéroïdes, *o.*

    l, pinnule détachée de *Linopteris neuropteroides* Gutbier.

Fɪɢ. 4. — Fragment d'une penne secondaire avec pinnules latérales allongées. — Gr. = 3.

    d, pinnules de droite, plus allongées que celles de gauche.

Fɪɢ. 5. — Pinnule détachée, épaisse et renflée. — Remarquer la finesse de la nervation et l'absence de nervure médiane. — Gr. = 3.

Oʀɪɢɪɴᴇ : Merlebach, fosse 5, couche 7.

ASSISE : **Flambants inférieurs,** au voisinage du Tonstein n° 2.

MIXONEURA VOUTERSI nov. sp.

PLANCHE XXV

ODONTOPTERIS (MIXONEURA) PEYERIMHOFFI P. B.

Fig. 1. — Échantillon type, présentant 2 pennes primaires parallèles, appartenant selon toute apparence à la même fronde, celle de droite plus courte. Empreinte vue par la face inférieure. — Gr. nat.

Remarquer les grandes pinnules simples et allongées, constituant le sommet de la petite penne primaire de droite.

M, fragment de *Mariopteris cf. macronervosa*.

Fig. 2. — Même échantillon. Fragment de la penne primaire de droite, grossi 3 fois, montrant deux pennes secondaires complètes.

b, pinnules basilaires larges et arrondies, subquadrangulaires.

t, pinnule terminale (remarquer la forme et la nervation des pinnules latérales, appartenant à la même penne secondaire : aspect typique des pinnules d'*Odontopteris*).

M, fragment de *Mariopteris*, probablement : *M. macronervosa*.

Origine : Puits Rudolph, veine Beust.

Assise : **Flambants supérieurs.** — Espèce apparaissant très haut dans les Flambants supérieurs, et intermédiaire entre *Mixoneura sarana* et *Odontopteris Reichi* Gutbier.

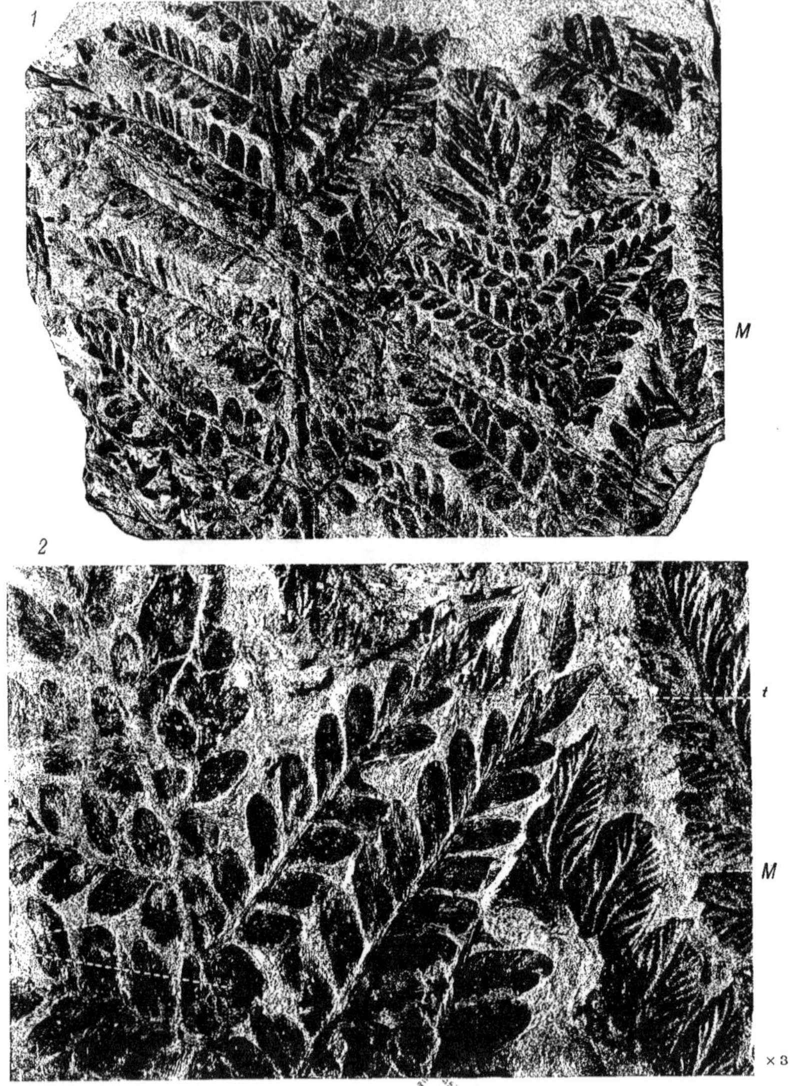

ODONTOPTERIS PEYERIMHOFFI nov. sp.

PLANCHE XXV *bis*

ODONTOPTERIS (MIXONEURA) PEYERIMHOFFI P. B.

PLANCHE XXV *bis*

ODONTOPTERIS (MIXONEURA) PEYERIMHOFFI P. B.

Observation. — Toutes les figures de cette planche sont des parties, vues au grossissement 5, de l'échantillon représenté fig. 1, Pl. XXV. Elles montrent, que dans leurs régions supérieures (fig. 1 et 2), les pennes primaires offrent, sans aucune contestation possible, les caractères du genre *Odontopteris*. Dans la région médiane des pennes primaires (fig. 3), le caractère odontoptéridien est encore très net, mais certaines pinnules, *p, p,* offrent déjà les caractères des *Mixoneura*. Enfin vers le bas des pennes primaires (fig. 4), les pinnules latérales *p, p,* ressemblent à celles du *Mixoneura sarana*.

Fig. 1. — Extrémité de deux pennes secondaires (région supérieure médiane de la fig. 1, Pl. XXV), montrant une pinnule terminale, *t,* et des pinnules latérales odontoptéroïdes, *o, o.* — Gr. = 5.

Fig. 2. — Région moyenne d'une penne secondaire (voir : *t,* fig. 2, Pl. XXV), garnie de pinnules latérales, à nervation odontoptéridienne très nette. — Gr. = 5.

i, groupe de nervures parallèles et inférieures à la nervure médiane, *m.*

Fig. 3. - Axe d'une penne primaire (région *b* de la fig. 2, Pl. XXV), garni de pinnules basilaires, *ba, ba,* de forme variable, les inférieures courtes et arrondies, plus ou moins quadrangulaires. — Gr. = 5.

Sur la plupart des pinnules, les nervures ont encore un parcours parallèle, comme chez les *Odontopteris*, mais certaines pinnules latérales, *p, p,* sont contractées à la base et tendent à se détacher du rachis support.

Fig. 4. — Région inférieure droite, de la grande penne primaire de gauche de la fig. 1, Pl. XXV, grossie 5 fois.

ba, ba, pinnules basilaires, c'est-à-dire pinnules insérées à la base des pennes secondaires, beaucoup plus grandes que celles de la fig. 3 et s'étalant sur le rachis secondaire.

p, p, pinnules latérales, offrant les caractères du genre *Mixoneura* (comparer à *Mixoneura sarana,* forme *subrotunda,* fig. 3, Pl. XX*bis*).

Origine : puits Rudolph, veine Beust.

Assise : **Flambants supérieurs.**

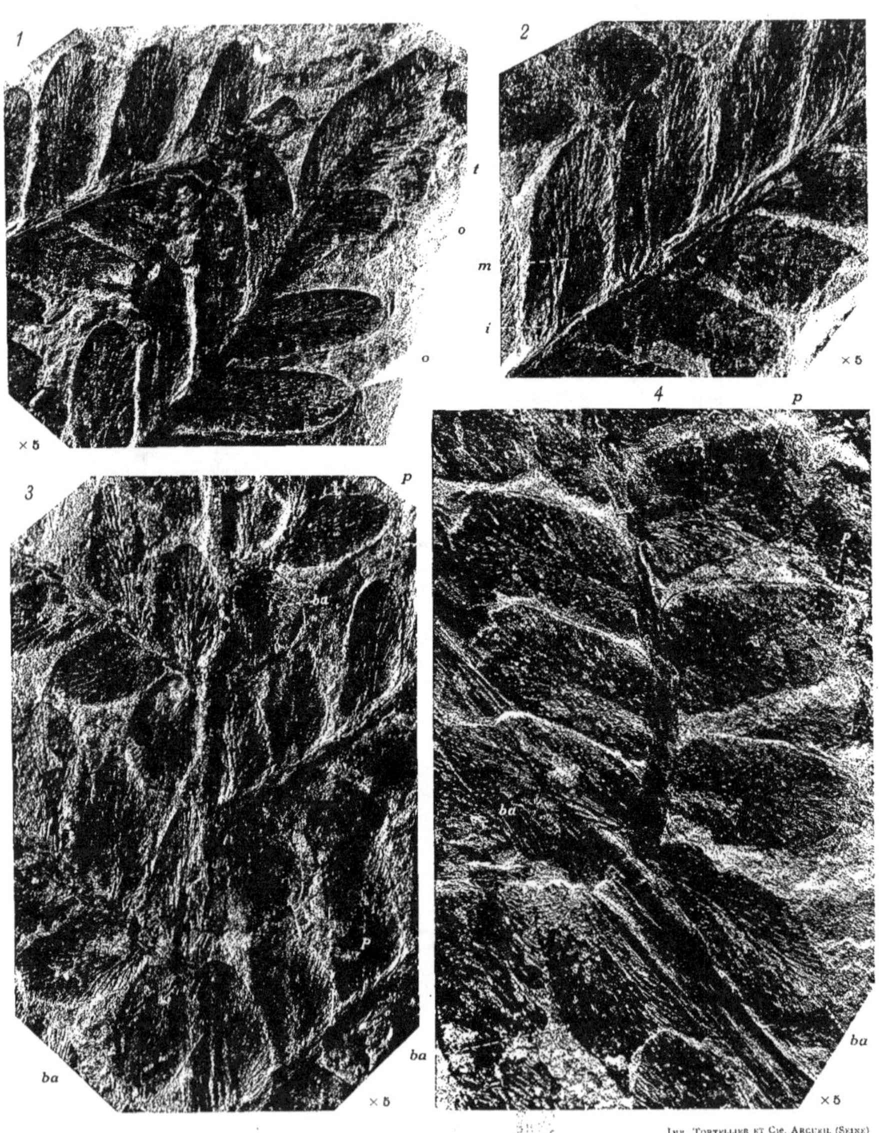

Imp. Tortellier et Cie. Arcueil (Seine)

ODONTOPTERIS PEYERIMHOFFI nov. sp.

PLANCHE XXVI

ODONTOPTERIS BARROISI P. B.

PLANCHE XXVI

ODONTOPTERIS BARROISI P. B.

Échantillon de Ste-Fontaine (Voir en outre : Pl. XXX)

Fɪɢ. 1. — Fragment d'une penne primaire, analogue à celle de la fig. 2, mais à pinnules plus petites. Empreinte en relief. — Gr. nat.

Fɪɢ. 1 *a*. — Partie de la penne primaire de la fig. 1, grossie 3 fois. Remarquer la forme triangulaire des pinnules, insérées obliquement sur le rachis ; sur quelques-unes, la nervure médiane est très apparente.

$R_2 R_2$, rachis secondaire à structure fibreuse.

ba, pinnule basilaire hétéromorphe.

Fɪɢ. 1 *b*. — Pinnules du même échantillon que fig. 1 et 1 *a*. — Gr. = 7,5.

Remarquer la forme des pinnules, insérées très obliquement, attachées par toute la largeur de leur base — la nervure médiane à peine distincte — les nervures latérales deux fois bifurquées, arquées, naissant en partie directement du rachis support.

Entre les nervures, on devine la structure cellulaire.

Fɪɢ. 2. — Fragment de fronde, comprenant la région inférieure d'une grande penne primaire, insérée sur un rachis primaire fibreux, $R R$. Empreinte en creux. — Gr. nat.

Oʀɪɢɪɴᴇ : Sainte-Fontaine, veine B.

ASSISE : **Sommet de l'assise des Charbons gras**

Imp. Tortellier et Cie, Arcueil (Seine)

ODONTOPTERIS BARROISI nov. sp.

PLANCHE XXVII

MIXONEURA FLEXUOSA Gr. Eury

PLANCHE XXVII

MIXONEURA FLEXUOSA Gr. Eury

Échantillons du bassin houiller du Gard

Fig. 1. — Penne secondaire typique, à grandes pinnules. En haut et à gauche, fragment d'une autre penne secondaire et pinnule terminale détachée, *t*. Empreinte en relief. — Gr. nat.

Origine : Mines de la Grand' Combe. Ravin d'Alexandre (Gard).

Fig. 1 *a*. — Sommet de la penne secondaire de la fig. 1. — Gr. = 3.

o, o, pinnules odontoptéroïdes.

Fig. 1 *b*. — Base de la même penne. — Gr. = 3.

Remarquer la forme des pinnules, larges et arrondies au sommet — la nervure médiane indistincte — les nervures latérales épaisses, jaillissant en gerbe du point d'attache, *i*, qui est large.

i, i, région d'insertion des pinnules.

au, renflement ou lobe supérieur, faible, mais net.

Fig. 2. — Trois pennes secondaires, dont une à peu près complète. — Gr. nat.

au, renflement ou lobe inférieur.

cy, Cyclopteris, en partie tranché par le bord du carottier.

Origine : Sondage du Sanguinet (Chantelouve) de la Cie de Bessèges à 608 mètres de profondeur.

Fig. 2 *a*. — Trois pinnules de l'échantillon de la fig. 2. — Gr. = 3.

au, renflement basilaire ou lobe inférieur.

Fig. 3 et 4. — *Cyclopteris* à bords laciniés, appartenant au *Mixoneura flexuosa*. — Gr. nat.

c, point d'attache.

Origine : Sondage du Sanguinet (Chantelouve) de la Cie de Bessèges à 559 mètres et 717 mètres de profondeur.

Assise : **Anthracites de Molières** (représentant dans le Gard les Flambants supérieurs de Sarrebrück).

MIXONEURA DU GARD

PLANCHE XXVIII

———

**MIXONEURA DE LA SARRE,
DE LA HAUTE-SAVOIE ET DU GARD**

PLANCHE XXVIII

MIXONEURA DE LA SARRE,
DE LA HAUTE-SAVOIE ET DU GARD

Fig. 1. — **Mixoneura sarana** P. B. — Fragment d'une penne primaire, présentant à
droite : trois pennes secondaires complètes. — Gr. nat.
    Origine : Puits Rudolph, veine Beust. Flambants supérieurs de Sarrebrück.

Fig. 2. — **Mixoneura alpina** P. B. — Penne secondaire, de tous points comparable à celles de la fig. 1 du *M. sarana*. — Gr. nat.
    Origine : Chalets de Moède (Haute-Savoie).

Fig. 2 *a*. — **Mixoneura alpina** P. B. — Extrémité de la penne secondaire de la
fig. 2, montrant la pinnule terminale et les pinnules odontoptéroïdes.
— Gr. = 3.

Fig. 2 *b*. — **Mixoneura alpina** P. B. — 4 pinnules, grossies 3 fois, montrant leur
forme.
    ls, lobe supérieur.
    au, lobe basilaire inférieur.
    i, région d'insertion, d'où jaillissent plusieurs nervures.

Fig. 3. — **Mixoneura flexuosa** Gr. Eury. — Penne secondaire comparable, comme
structure et dimensions, aux pennes de *M. sarana* (fig. 1) et de
M. alpina (fig. 2). — Gr. nat.
    Origine : Sondage du Sanguinet de la Cie de Bessèges à 584 mètres de
profondeur. — Anthracites de Molières (Gard).

Fig. 4. — **Neuropteris** *cf.* **acutifolia** Sternb. — Pinnules détachées, *ac*, associées au
Mixoneura alpina. — Gr. nat.
    Origine : Chalets de Moède (Haute-Savoie).

Fig. 5. — **Neuropteris** *cf.* **acutifolia** Sternb. — Penne garnie de pinnules triangulaires, aiguës au sommet, légèrement lobées sur leur bord inférieur.
— Gr. nat.
    Cette penne est associée dans les mêmes lits aux restes du *Mixoneura
flexuosa*. Gr. Eury.
    Origine : Sondage du Sanguinet de la Cie de Bessèges, à 559 mètres de
profondeur. — Anthracites de Molières (Gard).

Remarques. — 1° Les fig. 1, 2 et 3 montrent qu'il est possible de trouver des échantillons
des trois *Mixoneura* : *M. sarana, M. alpina* et *M. flexuosa*, offrant entre eux une
ressemblance incontestable.

2° Les fig. 4 et 5 montrent que l'on trouve avec les *Mixoneura* du Gard et des Alpes
des formes, analogues au *Neuropteris acutifolia* Sternb. et semblables à celles qui
accompagnent *M. sarana* et que nous avons décrites sous le nom de *N. triangularis*
(fig. 2, Pl. XXI; fig. 1 et 2, Pl. XXIbis). Il reste à décider, s'il s'agit de pinnules
particulières, appartenant aux *Mixoneura*, ou bien si l'on a réellement affaire à une espèce
autonome (voir **p. 39**).

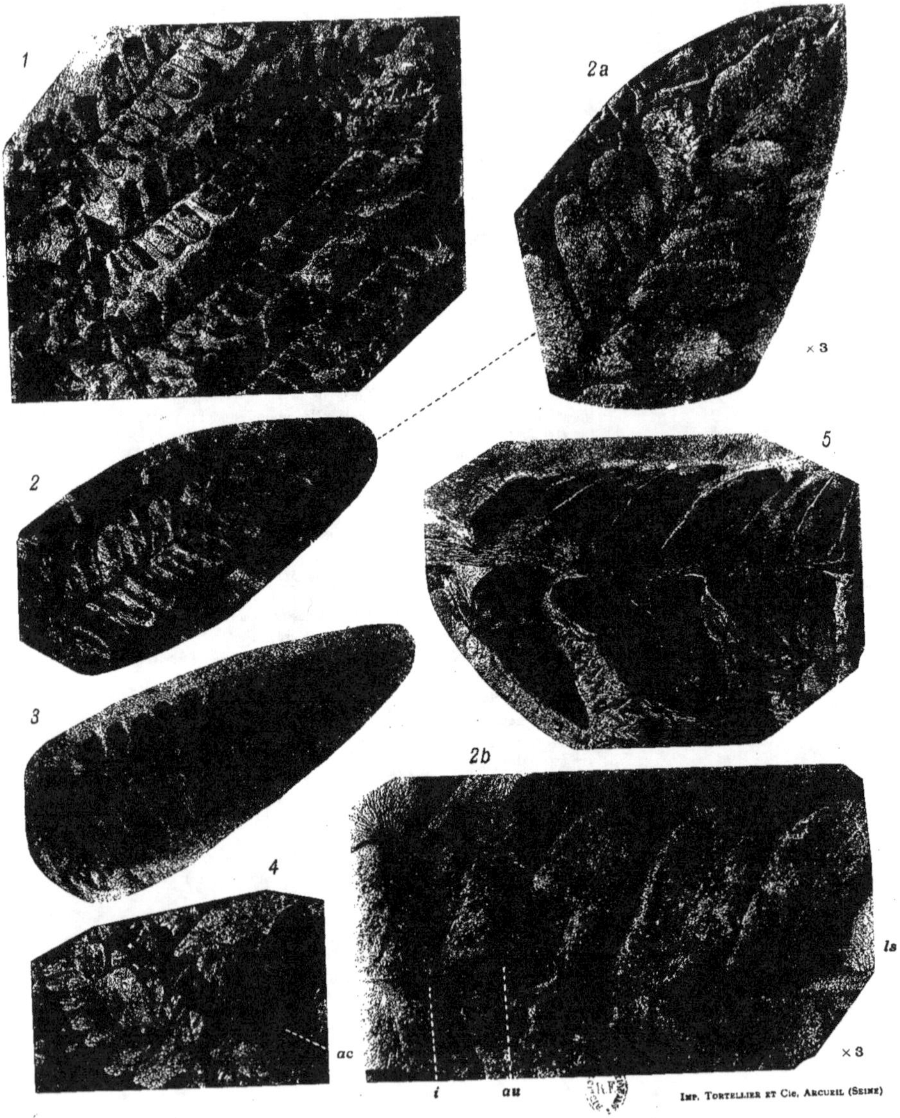

MIXONEURA DE LA SARRE, DE HAUTE-SAVOIE ET DU GARD

PLANCHE XXIX

———

MIXONEURA SIMONI P. B.

PLANCHE XXIX

MIXONEURA SIMONI P. B.

Échantillons de Liévin (Pas-de-Calais)

Fig. 1. — Deux pennes secondaires. — Gr. nat.

Fig. 1 a. — Une des pennes secondaires de la fig. 1, grossie 3 fois. Remarquer la pinnule terminale, courte et large — les pinnules latérales ovales, larges, arrondies au sommet.

 o, o, pinnules odontoptéroïdes.

 au, lobe inférieur, très peu marqué.

Fig. 2. — Penne secondaire, garnie de pinnules étroites et allongées, non empiétantes : pinnule terminale étroite (*t*). — Gr. nat.

Fig. 2 a. — Penne secondaire de la fig. 2, grossie 3 fois.

Fig. 3. — Pinnules de formes diverses, paraissant appartenir encore toutes au *Mixoneura Simoni.* — Gr. nat.

 ac, pinnule de forme *acutifolia.*

Fig. 3 a. — Pinnule, offrant la forme de *Neuropteris acutifolia* Sternb., grossie 3 fois. Remarquer la nervation serrée et le mode d'insertion sur le rachis, qui rappellent tout à fait les pinnules de *Mix. Simoni* (Comparer les fig. 3 a et 4 a).

 i, région d'insertion de la pinnule.

 r, petit rachis sur lequel parait insérée la pinnule en question.

 R, gros rachis.

Fig. 3 b. — Pinnule typique, appartenant certainement à *M. Simoni.* — Gr. = 3.

 i, région d'insertion, large, et d'où jaillissent plusieurs nervures.

 au, lobe inférieur.

Fig. 4. — Fragment d'une penne secondaire, garnie de pinnules, tout à fait typiques. — Gr. nat.

Fig. 4 a. — Même penne secondaire, que fig. 4, grossie 3 fois.

 r, rachis.

 au, lobe inférieur.

 l s, renflement supérieur à peine marqué.

 i, région d'insertion.

Remarquer le mode d'innervation des pinnules : pas de nervure médiane nette ; de nombreuses nervures très fines paraissent jaillir ensemble de la région d'insertion.

Comparer ces pinnules à celles de *M. sarana,* représentées, fig. 1 a, Pl. XX ; fig. 3, Pl. XX*bis* et fig. 1 a, Pl. XXI.

Origine : Liévin (Pas-de-Calais), puits n° 6, veine Arago, bowette 614 à 680.

ASSISE : **Assise de Bruay.**

MIXONEURA DE LIÉVIN

PLANCHE XXX

ODONTOPTERIS BARROISI P. B.

PLANCHE XXX

ODONTOPTERIS BARROISI P. B.

Echantillon de Ste-Fontaine.

Fɪɢ. 1. — Fragment d'une penne primaire (voir fig. 1, Pl. XXVI). Empreinte en relief.
— Gr. = 5.

R₂ R₂, rachis secondaire.

ba, ba, pinnules basilaires hétéromorphes, étalées sur le rachis secondaire.

Fɪɢ. 1 *a.* — Pinnule de la fig. 1, grossie 15 fois. Le limbe carbonisé parait conservé et on a, semble-t-il, l'aspect de la face supérieure de la pinnule.

Fɪɢ. 2. — Autre pinnule du même échantillon (voir fig. 1 *b*, Pl. XXVI), grossie 15 fois, montrant le parcours nervuraire (comparer fig. 7 du texte). — La croûte supérieure du limbe est détruite, sauf en *ca.* Partout ailleurs, les nervures carbonisées apparaissent en relief ; entre elles, on aperçoit une structure cellulaire, *cel,* qui parait représenter la face inférieure de la pinnule.

Fɪɢ. 3. — Fragment de penne primaire. — Gr. nat.

Oʀɪɢɪɴᴇ : Ste-Fontaine, veine B.

ᴀssɪsᴇ : **Sommet de l'assise des Charbons gras.**

ODONTOPTERIS BARROISI nov. sp.